画说现代水貂饲养技术

◎杨福合　刘志刚　刘宗岳　主编

中国农业科学技术出版社

图书在版编目（CIP）数据

画说现代水貂饲养技术 / 杨福合，刘志刚，刘宗岳主编. --北京：中国农业科学技术出版社，2024.8.
ISBN 978-7-5116-6970-4

Ⅰ. S865.2-64

中国国家版本馆CIP数据核字第2024SJ0482号

责任编辑　张国锋
责任校对　李向荣
责任印制　姜义伟　王思文

出 版 者　中国农业科学技术出版社
　　　　　北京市中关村南大街 12 号　　邮编：100081
电　　话　（010）82109705（编辑室）（010）82106624（发行部）
　　　　　（010）82109709（读者服务部）
网　　址　https://castp.caas.cn
经 销 者　各地新华书店
印 刷 者　北京地大彩印有限公司
开　　本　148 mm × 210 mm　1/32
印　　张　5.25
字　　数　128 千字
版　　次　2024 年 8 月第 1 版　2024 年 8 月第 1 次印刷
定　　价　48.00 元

《画说现代水貂饲养技术》

编委会

主　编： 杨福合　刘志刚　刘宗岳

副主编： 张铁涛　邵西群　周建颖　张海华　杨　硕　宋兴超

编　者（按姓氏笔画为序）：

王　雷　代　广　丛　波　刘志刚

刘宗岳　刘洪丽　刘继忠　刘琳玲

孙月川　杨　硕　杨　颖　杨雅函

杨童奥　杨福合　吴　勇　宋兴超

宋珊珊　张铁涛　张海华　邵西群

周建颖

杨福合简介

杨福合，中国农业科学院研究员，博士生导师，特种畜禽遗传资源与遗传育种专家。原中国农业科学院特产研究所所长、中国农业科学院特种动物育种创新团队首席科学家、农业农村部特种经济动植物及产品质量监督检验测试中心主任、农业农村部特种经济动物遗传育种与繁殖重点实验室主任、国家畜禽遗传资源委员会委员兼其他畜种专业委员会主任委员、中国畜牧业协会毛皮动物分会荣誉会长。

主持完成国家、省部等科研项目 40 余项，获科研成果 33 项，其中获奖成果 25 项。发表学术论文 200 余篇，编辑出版学术著作 8 部。曾担任《特产研究》主编、《经济动物学报》副主编。获得农业农村部有突出贡献中青年专家，吉林省（资深）高级专家，吉林省拔尖人才第一层次人选，国务院“政府特殊津贴专家”，全国优秀科技工作者，新中国 60 年畜牧兽医科技贡献杰出人物和中共中央、国务院、中央军委“建国 70 周年纪念章”等称号和荣誉。

前 言

水貂是珍贵毛皮动物。水貂皮是优质的制裘原料，被国际裘皮界誉为“裘皮之王”。

我国水貂饲养业始于1956年。近70年来，历经了三个发展阶段。发展早期由政府外贸部门牵头，从国外引种、风土驯化、技术推广、统购统销，其目的是生产优质水貂皮出口创汇。进入20世纪80年代，伴随着外贸体制改革，外贸部门放弃了对水貂饲养业的管理与指导，产业一度处于“无政府”状态。20世纪90年代，伴随着中国特色的市场经济改革，经济、社会快速发展，人民生活水平逐步提高，我国成为世界上最大裘皮服装消费国、加工国和出口国，改变了国际裘皮业格局，成为名副其实的水貂饲养大国。但是，行业发展无序、支撑能力不足、缺乏宏观政策引导与调控等问题凸显，影响了水貂饲养业可持续性发展。

2020年5月，农业农村部发布了经国务院批准的《国家畜禽遗传资源目录》，将水貂列为家畜系列，划归政府畜牧行政部门管理。2021年12月14日，农业农村部印发了《“十四五”全国畜牧兽医行业发展规划》，规划中提出“在河北、山西、内蒙古、吉林、辽宁、黑龙江、山东等省份加强貂、狐、貉等毛皮动物养殖，保障高质量毛皮原料。”这是我国畜牧行政管理部门首次将水貂写进行业发展规划。新的历史时期，为了进一步推动水貂饲养业高质量发展，完善产业链、供应链，提高水貂饲养业整体水平，繁荣区域经济，服务乡村振兴，特组织编写了此书。

本书针对国内水貂饲养场发展现状，总结了国内外优秀水貂饲养企业的成功经验，以水貂生物学特性和饲养管理要点为主线，通过图片深入浅出地讲解现代化水貂养殖的各个环节，包括水貂饲养场建设、品种及皮张品质需求、饲养管理、繁殖与育种、疾病防控、粪污处理、皮张加工与拍卖等内容。

本书注重科学性与实用性，适合从事水貂生产的科技人员、规模化养殖场的管理和技术人员、相关大中专院校的学生等作为参考资料使用。

由于作者水平有限，书中缺点在所难免，望广大读者批评、指正。

编　者

2024 年 7 月

目　录

第一章　现代水貂饲养场建设

第二章　水貂的饲养管理

第三章　水貂的繁殖与选种技术

第四章　水貂饲料加工配制技术及典型饲料配方

第五章 水貂疾病的免疫与防控

第六章　水貂粪污、屠宰胴体无害化处理

第七章　裘皮加工业及市场对水貂品种、品质的需求

第八章　现代化水貂皮张产品加工

第九章 水貂饲养场经营管理

第一章

现代水貂饲养场建设

第一节　水貂饲养场的选址

水貂饲养场的建设首先要选择合适的地点，农业用地是建设养殖场最佳的场所。其次，要有周详的计划。最后，要综合考虑所有的因素，避免以后不必要的损失和开支。应以自然环境条件适合水貂生物学特性为宗旨，以社会条件为辅，综合考虑场址的布局。许多饲养者开始都是小规模养殖，在这种情况下，要预留出足够大的面积，以便日后扩建。

一、气候条件

（一）水源

水貂饲养场用水量很大，包括日常的饮用水和清洁用水。因此，场址应选在地上或地下水源充足、水质洁净的地方（图1–1）。

图 1-1　临近水源地建场

（二）地形地势

选址时还需要考虑地理纬度、海拔高度、光照强度、湿度等。应选在地势较高、背风向阳、地面干燥的地方。其中地理纬度以不低于 30 度、东南坡向为宜（图 1–2、图 1–3）。

图 1-2　选择地势较高处建场

图 1-3　选择背风向阳、地面干燥的地方建场

（三）温度和湿度

饲养水貂适宜的年平均温度是 5 ～ 15℃，湿度是 40% ～ 65%。我国适宜水貂养殖的主要地区有：辽宁省、河北省、吉林省，具体年平均温度及湿度见表 1–1。

表 1–1　水貂主要养殖省份年平均温度和湿度

省份	城市	年平均温度（℃）	年平均湿度（%）
辽宁省	大连	10.5	6
	沈阳	8.5	68
河北省	秦皇岛	11.2	62
	石家庄	13.3	55
吉林省	延吉	5.5	61
	松原	4.5	59

二、社会条件

（一）电力充足

水貂饲养场的场址应能提供充足的电力供应，大型的饲料加工、冷库和皮张初加工都需要大量的生产用电和生活用电。

（二）利于防疫

水貂饲养场应距离畜禽饲养场、居民区至少 500 m，同时应在检验符合卫生防疫要求后方可建场。

（三）交通便利

由于需要运输饲料原料和买卖种貂、皮张，场址应选在运输方便的地方（图 1–4），但应避开喧闹的主干道，噪声会影响母貂繁殖，使水貂的产仔数下降。

图 1-4　在交通便利之处建立水貂场

（四）远离人聚居区

养殖过程中的水貂粪尿气味较大，影响居民的生活环境，同时饲养场的噪声扰民，降低了生活质量，因此，养殖场选址应尽量远离人聚居区（图 1–5、图 1–6）。

图 1-5 在密林深处建场

图 1-6 远离人聚居区建场

第二节 水貂饲养场的基本设施

水貂饲养场建筑物的规划应方便日常的工作，围墙或围栏内外须留有足够的空间以便于机器和设备的通行、运输，例如，需要给打食车预留出足够的行驶和转向空间。另外，饲养场围墙或围栏两侧要有排水渠或排水沟，以便雨后饲养场内污水的排放。水貂栋舍应坐北朝南建设，可以避免北向的冷空气，也能获得充足的光照。

一、围墙

饲养场四周的围墙（图 1–7、图 1–8）非常重要，虽然水貂并不惧怕寒冷，但是气流对水貂生产的影响仍然很大。应在饲养场周围建立遮蔽的篱笆或围墙，以便在饲养场形成一个小气候。另外，围墙也可以防止野生动物的入侵，切断疾病的传染源。最外层的围墙可以用石棉或水泥做成，高度不低于1.40 m。

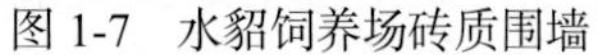

图 1-7　水貂饲养场砖质围墙

图 1-8　水貂饲养场石棉瓦材质围墙

二、栋舍

栋舍的主要作用是可以减少水貂应激，为其提供一个安全、安静的生产和生活环境。栋舍的设计、建造和改造过程中，应综合考虑光照条件、空气质量、方向位置等主要因素。以东西走向为宜，既有利于水貂的分群饲养，又有利于夏季防暑。目前，标准式栋舍仍是广大养殖场的首选，该栋舍既符合水貂的生物学特性，又坚固耐用，而且操作方便。

标准栋舍的栋宽 3.5 ～ 4.0 m，长度不超过 50 m，栋间距 3 ～ 4 m，棚脊为 50 ～ 60 cm 宽的可透光玻璃纤维瓦（图 1–9 至图 1–11）。

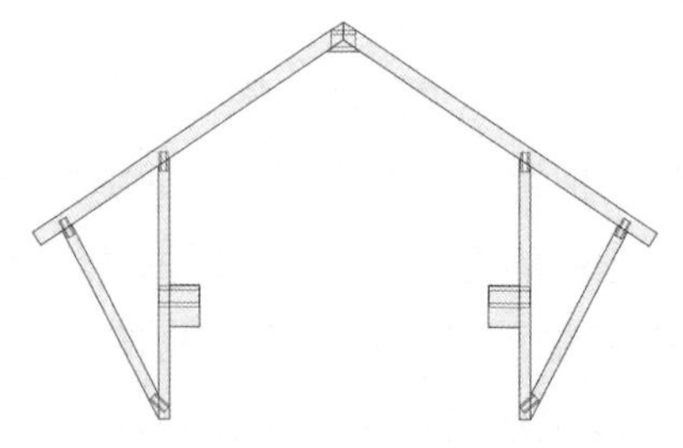

图 1-9　标准式栋舍框架图

图 1-10 标准式栋舍内部结构

图 1-11 标准式栋舍外观

三、笼箱

水貂的笼箱分为笼舍和窝箱两部分。

笼舍是水貂活动、采食、交配和排便的场所（图 1–12）。现在市场上有许多专业制作养貂的电镀笼子可以定制。笼舍的规格：长 × 宽 × 高为 0.9 m× 0.3 m× 0.46 m。水貂笼舍网眼要小于 2.5 cm，笼舍要尽量大一些，有利于提高水貂生产性能，满足动物福利要求。

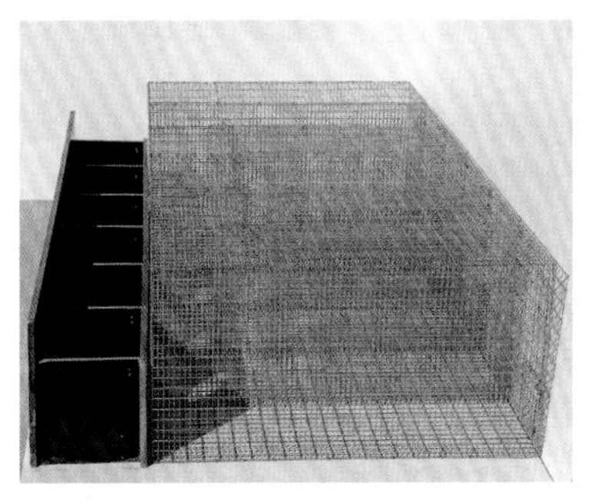

图 1-12 水貂笼舍

窝箱是水貂休息、产仔和哺乳的场所（图 1–13、图 1–14），可以由木材、胶合板、粗纸板、塑料或其他材料制成。窝箱规格：长 × 宽 × 高为 0.315 m×0.275 m×0.200 m。铺垫材料可以是干草、稻草、亚麻、切碎的秸秆、纸张、木材、柔软的刨花或类似材料，它们具有不同的隔热性能。窝箱盖要能够自由开启，以方便观察和抓貂，顶盖前高后低，可避免积水。种貂的窝箱在出入口必须备有插门，以便于产仔检查、隔离母兽。窝箱出入口要安装高出小室底 5 ～ 10 cm 的挡板，防止仔貂爬出。

图 1-13　水貂窝箱

图 1-14　水貂笼具和窝箱

四、笼内玩具

为了提高水貂福利，可通过设置玩具来改善水貂的生存环境，其中包括“U”形玩具（图 1–15）、管状玩具（图 1–16）、棍状玩具（图 1–17）和球状玩具（图 1–18）等。

图 1-15　笼内“U”形玩具

图 1-16　水貂笼内管状玩具

图 1-17　水貂笼内棍状玩具

图 1-18　水貂笼内球状玩具

五、供水设备及水处理系统

良好的饮水系统（图 1–19 至图 1–21）对水貂的饲养和福利都十分重要。现在，几乎所有养殖场都使用自动水处理的饮水系统。在夏季，水貂需要大量的饮用水。在冬季，也可也可以通过电加热水循环或地热循环给予水貂充足的饮水。（图 1–22、图 1–23）。全自动加热系统即使发生电源故障时，水也能够快速、轻易地解冻，并且再次流动供水。此外，该系统还可以设置启动和停止加热系统的功能，这样水可以在某个特定时间解冻。霜冻期间，能保证饲养场内饮用水温度为 4 ～ 5℃，并在夏季起到防暑降温的作用。

图 1-19　水貂自动饮水系统

图 1-20　水貂自动饮水加热和保温装置

图 1-21　水貂饮水系统

图 1-22　水处理加热锅炉

图 1-23　水处理过滤系统

第三节　水貂饲养场专用设施

一、饲料冷藏间

饲料冷藏间主要用于鲜动物性饲料的冷储，这是饲养毛皮动物的主要设备之一。大、中型水貂养殖场一般要求修建冷库，达到万只规模的养殖场冷库规模在 300 ～ 500 t 位（图 1–24）。小型养殖场或专业户可使用活动冷库或储存量较大的冰箱或冰柜。

二、饲料加工室

饲料加工室是冲洗、蒸煮和调制饲料的地方，室内应具备洗涤饲料、熟制饲料的设备或器具（图 1–25），包括洗涤机、绞肉机、蒸煮罐等。室内地面及四周墙壁，需用水泥抹光（铺、贴瓷砖）并设下水道，以便于洗刷、清扫和排出污水，保持清洁。

图 1-24　贮存鱼类和肉类的冷库

图 1-25　冲洗动物性原料

三、毛皮加工室

毛皮加工室用于剥取貂皮并进行初步加工。加工室内设有剥皮机、刮油机等。毛皮烘干应置于专门的烘干室内，室内温度控制在 20 ～ 25℃。毛皮加工室旁还应建毛皮验质室（图 1–26）。室内设验质案板，案板表面刷成浅蓝色，距离案板面 70 cm 高处，安装 4 只 40 W 的日光灯管，门和窗户备有门帘和

图 1-26　毛皮验质室

窗帘，供检验皮张时遮挡自然光线用。

四、兽医室

规模化的养殖场和技术实力较强的企业应建立兽医化验室（图 1–27），并配置必要的仪器和设备，定期开展流行病诊断和阿留申病抗体监测（图 1–28）。

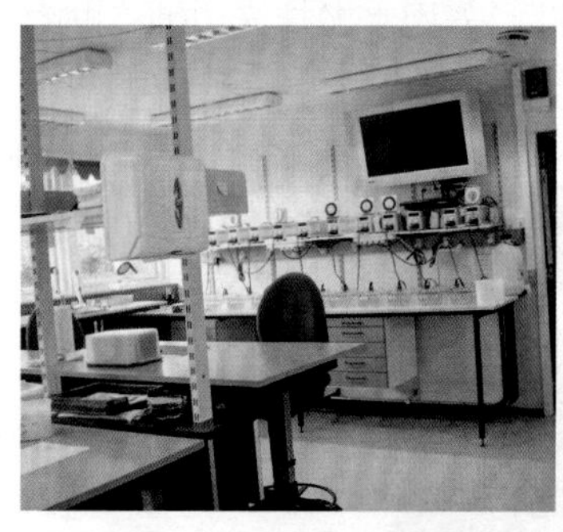

图 1-27　兽医化验室

图 1-28　阿留申病血液样本检测

第二章

水貂的饲养管理

水貂具有季节性繁殖与换毛的生理特点，每年春季繁殖一次，生长发育具有明显的阶段性，生物学时期划分相对明确。不同生物学时期水貂的营养需要量与饲养管理技术要点也存在明显的差异。由于气候、环境、温度对水貂的生产过程具有明显的影响，因此把种貂的生物学时期分为配种期、妊娠期、哺乳期、育成前期、育成后期、准备配种期六个时期；皮貂分为育成前期和冬毛期两个时期，科学的饲养标准是合理饲养的依据。我国开展水貂养殖已近 70 年，水貂的营养研究逐步完善且深入。各地在应用时，应根据本地的气候条件、饲料种类、水貂营养状况灵活掌握，切忌生搬硬套。

第一节　水貂配种期的饲养管理

2 月末至 3 月初，水貂饲养场主要的工作将集中在配种上，除了配种方案落实外，饲养管理上的主要任务是：观察母貂发情状况、维持公貂体况、提高其配种能力和精液品质，继续维持和控制母貂的体况。如果有多名工人同时参加配种工作，应事先安排好所有的配种细节（图 2–1 至图 2–8）。配种期饲养管理要点见表 2–1。

表 2–1　配种期饲养管理要点

任务	内容
合理的配合日粮	营养全价、适口性强、容积小、易消化，饲料能量 836 ～ 1 050 KJ/100g
正确的饲喂制度	配种前半期：先早饲后放对，中午补饲，下午放对，晚饲； 配种后半期：早晨凉爽时先放对，后饲喂，下午放对，晚饲
搞好卫生	必须保证水貂有充足且清洁的饮水； 配种笼舍内不得有积粪

续表

任务	内容
配种工作注意要点	防止水貂逃跑和咬伤； 不可强制放对交配； 不可盲目频频放对

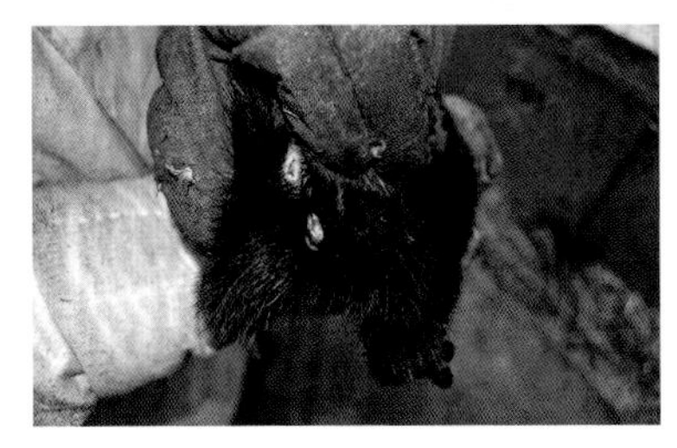

图 2-1 短毛黑母貂发情鉴定

图 2-2 银蓝母貂发情鉴定

图 2-3 白色公貂与母貂交配

图 2-4 连锁成功后记录起始和结束时间

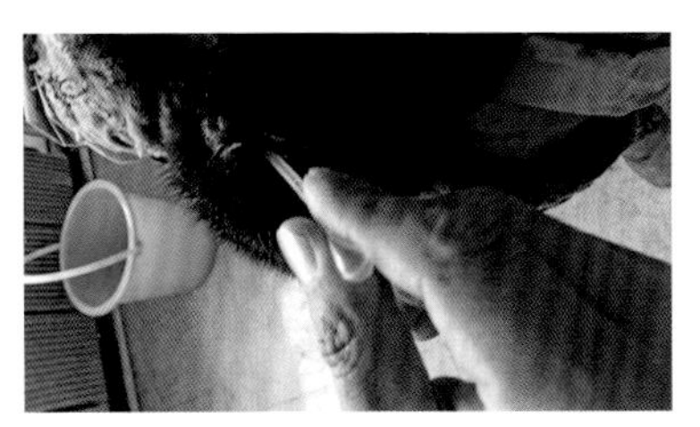

图 2-5 从交配后的母貂阴道内采集精液

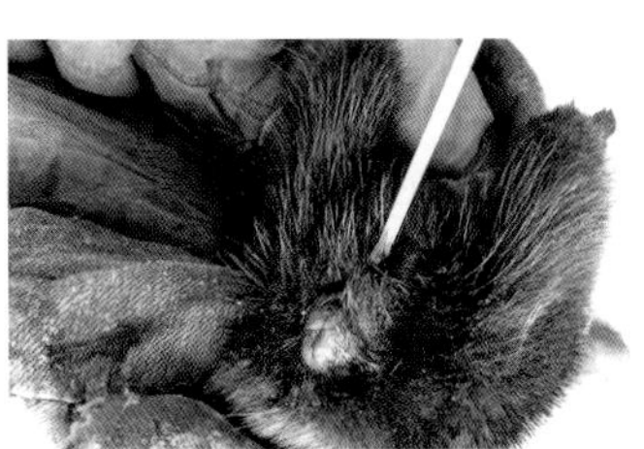

图 2-6 精液采集

图 2-7　人工检测精液品质

图 2-8　公貂精液品质显微镜下检查

第二节　水貂妊娠期的饲养管理

每年 3 月至 4 月，母貂除了维持自身的营养需求外，还需要保证胎儿正常发育，因此必须给予母貂充足的饲料。水貂胚胎的着床有滞育过程，意味着卵子授精后不会立即在子宫内着床发育，着床的时间决定于体内激素水平、饲料营养水平、昼和夜的光照时间。如需要加快受精卵着床，可以使用人工增加光照或投放黄体酮。

一般在复配后的第 3 天开始饲喂黄体酮，连续喂 7 d（图 2–9）。人工增加光照一般在 3 月 20 日左右开始，直到 4 月 5 日左右停止。光照时间每天早、晚各延长 75 min。自然光照每天也在增加，因此每天早晚必须调整开灯、关灯的时间（图 2–10）。妊娠期饲养管理要点见表 2–2。

表 2–2　妊娠期饲养管理要点

任务	内容
妊娠前期饲养管理	饲料品质新鲜，不能使用激素含量过高的饲料； 饲料能量水平 920 KJ/100g； 饲喂黄体酮促进着床； 适当延长光照时间或增加光照强度

续表

任务	内容
妊娠中期饲养管理	饲料品质新鲜、种类丰富； 增加饲料中蛋白质、能量（1 080 KJ/100g）； 母貂有充足且干净的饮水；保持环境安静
妊娠后期饲养管理	饲料品质新鲜、种类丰富； 逐步过渡到哺乳期饲料营养水平； 做好产箱的清理、消毒及垫草保温（图 2–11 至图 2–14）

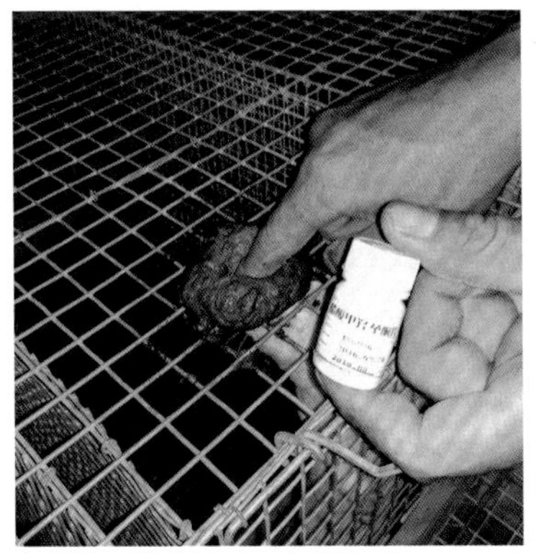

图 2-9　将黄体酮加入水貂饲料中

图 2-10　水貂栋舍早、晚补充光照

图 2-11　添加垫草

图 2-12　笼底增加垫网

图 2-13　清理笼箱

图 2-14　窝口增加挡风装置

第三节　水貂哺乳期的饲养管理

每年 4 月 20 日左右，母貂开始产仔，饲养人员应为母貂提前营造一个清洁、干净、干燥、温暖、稻草充足的环境来迎接仔貂出生。5 月上旬，母貂的产仔数开始降低，基本在 5 月中旬产仔结束。在此之后，所有的精力都应该集中在如何让仔貂更多地成活，最大程度上提高成活率。在整个哺乳期，应给予母貂最佳的环境和条件，保证母貂的营养需要，提高母乳的产量和质量（图 2–15 至图 2–22）。哺乳期饲养管理要点见表 2–3。

表 2–3　哺乳期饲养管理要点

任务	内容
哺乳前期的饲养管理	昼夜值班：及时发现母貂产仔，对落地、受冻挨饿仔貂和难产母貂及时救护； 产仔检查：采取听、看、检相结合的方法，确保仔貂及时吃饱初乳； 促进母貂泌乳：对于缺奶的母貂可注射促甲状腺激素释放激素（LTH）或王不留行进行催乳； 仔貂代养：产仔过多或母性不强，及时代养

续表

任务	内容
哺乳中期的饲养管理	逐步增加饲料能量水平，满足母貂在泌乳高峰的营养物质需要； 仔貂 25 ～ 30 日龄开始诱导采食饲料，产仔多、泌乳不足的早补饲； 仔貂 18 ～ 28 日龄易腹泻，注意采用益生菌或抗生素及时防治； 保持环境安静
哺乳后期的饲养管理	仔貂 30 日龄后，合理增加饲料的补饲量； 35 ～ 42 日龄，每只仔貂补饲 80 ～ 120 g/d； 产仔多、争食和咬斗严重，可分批分窝

图 2-15　母貂笼内的产床

图 2-16　哺乳期母貂晒乳晕

图 2-17　黑貂产仔

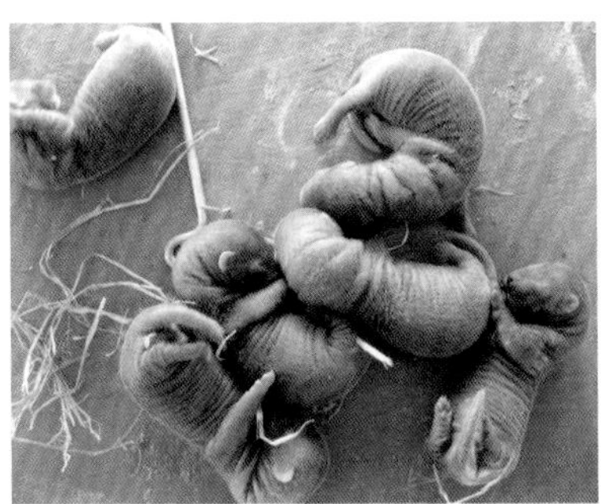

图 2-18　3 日龄仔貂

图 2-19　15 日龄仔貂

图 2-20　28 日龄仔貂

图 2-21　40 日龄仔貂

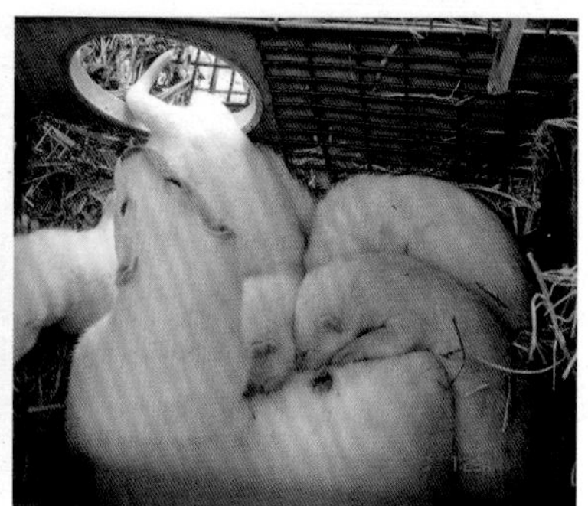
图 2-22　红眼白貂哺乳

第四节　水貂育成期前期的饲养管理

仔貂 7 ～ 8 周龄时开始分窝，考虑母貂的母性行为和动物福利的要求，可以留一只仔貂放在母貂的笼内直到打皮。一般在仔貂分窝时进行第一次选种（图 2–23、图 2–24）。母貂由于产仔数过少、母性不好或死亡过多等原因，不留作种用应标记为皮兽饲养。仔貂要选择健康有活力的个体进行留种，选种结束后立即将个体较大的仔貂移走，确保其他仔貂有足够的空间生活。7—8 月是仔貂的快速生长发育期，主要任务是维持仔貂的生长速度，保证仔貂笼内有新鲜的食物。当仔貂 10 ～ 11 周龄时，可以将它们成对放入笼内。育成前期饲养管理要点见表 2–4。

表 2–4　育成前期饲养管理要点

任务	内容
仔貂营养需要特点	40 ～ 80 日龄，仔貂产后发育的最快阶段，适宜饲粮能量水平为 1 150 KJ/100g； 离乳分群：一公一母养于同一笼舍，直到打皮，可以根据本场笼舍数量进行分笼饲养
做好仔貂初选工作	根据同窝仔貂数、发育情况、成活情况、双亲品质，在离乳时按窝选留，初选比实际留种数多 25% ～ 40%
搞好卫生防疫	避免采食变质饲料，饲料加工工具和饲料加工设备每天刷洗并定期消毒； 供给充足干净饮水，加强通风，避免中暑（图 2–25、图 2–26）； 对仔貂及时驱虫，消灭体内外寄生虫
实行疫苗免疫接种	6 月末 7 月初进行犬瘟热、病毒性肠炎、脑炎、肺炎等传染病的疫苗接种（图 2–27、图 2–28）

图 2-23　黑貂初次选种、分窝

图 2-24　白貂分窝后成对饲养

图 2-25　标准式栋舍防暑降温

图 2-26　大棚式栋舍喷雾降温

图 2-27　水貂接种疫苗

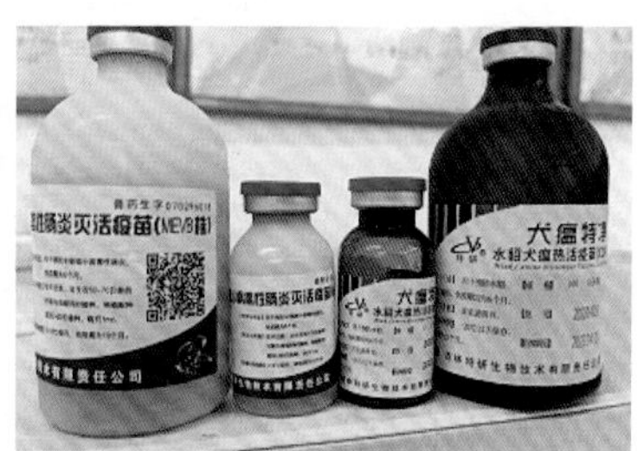

图 2-28　水貂常用疫苗

第五节　水貂育成期后期的饲养管理

每年 9 月中旬之后，仔貂的快速生长期结束，即骨骼发育停止，体长不会再增加（图 2–29、图 2–30），在这一时期过度饲喂会让水貂失去食欲。随后，仔貂生长速度进入缓慢增长期，主要以脂肪沉积和促进冬毛生长为主。从这一时期到取皮，必须保持笼箱的干净。有时水貂会在粪便中打滚，粪便进入毛发深部，将不易清理。随着水貂的毛皮成熟，机体自身也达到体成熟。在同一个笼内的水貂变得越来越好斗，如果发现有打架行为，应该马上分开避免造成损伤。

9 月 20 日左右，对水貂进行称量体重，结合生长发育模型，可以对水貂未来的体重进行很好的预测。10—11 月的称重数据可以为下一年的育种工作提供依据。12 月，对公貂进行体况的调整，体型不能过胖，还要确保有两个睾丸发育良好，否则不利于配种。育成后期饲养管理要点见表 2–5。

表 2–5　育成后期的饲养管理要点

任务	内容
复选留种水貂	根据生长发育、体型大小、体重高低、体质强弱、毛绒色泽和质量、换毛迟早等，逐头进行选择，复选数量比实际留种数多 10% ～ 20%
种貂的饲养管理	注重饲料蛋白质的质量，平衡饲粮氨基酸，饲粮能量水平为 1 150 KJ/100g； 补充必需的维生素和矿物元素； 产箱内放少量稻草，供种貂自然梳毛用（图 2–31）
皮貂的饲养管理	饲料供给量为 300 ～ 400 g/d，可消化蛋白质不低于 35 g/d，饲料能量水平为 1 250 KJ/100g； 皮貂养在阴面或者较暗的棚舍内，避免阳光直射，以保护毛绒中的色素； 做好笼舍卫生，及时维修笼舍，防止污物沾染毛绒或损伤毛绒； 10 月检查缠结毛，及时梳绒去掉

图 2-29　育成后期

图 2-30　育成后期吃食

图 2-31　笼内第一次添加垫草

第六节　水貂准备配种期的饲养管理

每年 1—2 月，貂场的主要工作是对栋舍和笼箱进行清洗和消毒（图 2–32 至图 2–35）。另外，还要对水貂的体况和毛绒品质进行选择（图 2–36 至图 2–38）。这项工作将有利于水貂在

2 月末或 3 月初进行配种，确保母貂排卵量和受精率。2 月末，水貂将准备配种，配种管理要点见表 2-6。这时应该对公貂再进行一次睾丸的检查（图 2-39）。即使育成后期已经检查一次，也建议重新检查一遍，因为有些公貂的睾丸在 12 月发育还正常，随后就不再正常发育。

表 2-6　准备配种期管理要点

任务	内容
做好选种工作	复选于 9—10 月，精选于 11 月
搞好饲养工作	准备配种前期：增加营养，提高膘情； 准备配种中期：维持营养，调整膘情； 准备配种后期：调整营养，平衡体况
搞好体况鉴定与调整	体况鉴定：目测，称重，指数测算（体重 / 体长，母貂 24 ～ 26 g/cm 为宜）； 体况调整：减重—限饲、增加运动； 追肥—补饲、增加饲料脂肪含量
做好发情检查工作	1 月，每隔 5 d 观察母貂外阴，并记录； 2 月，每隔 3 d 观察，2 月末发情率 90%； 异性刺激公貂发情
做出选种方案和近亲系谱备查表	准备好配种等级表（存档用）； 配种标签（临时贴小室用）； 准备好各种物品（串笼、显微镜、记录本）

图 2-32　清理粪便

图 2-33　清理粪便后铺撒石灰消毒

图 2-34　水貂笼具火焰消毒

图 2-35　高压水枪清洗

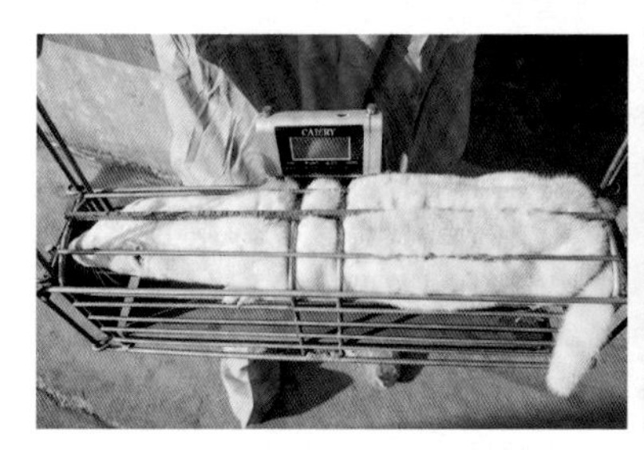

图 2-36　水貂终选时期体重称量和体况检查

图 2-37　水貂终选时期毛色鉴定

图 2-38　水貂终选时期针、绒毛鉴定

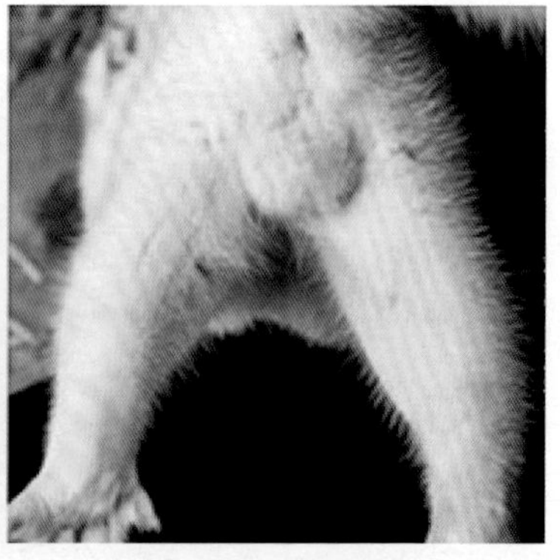

图 2-39　公貂睾丸检查

第三章

水貂的繁殖与选种技术

第一节　水貂的繁殖技术

水貂是季节性繁殖动物，主要受光周期季节性变化的影响，生殖器官变化十分明显。4—10月，公貂的睾丸体积和重量均较小，处于相对静止的状态，无性欲表现。自秋分后，睾丸才开始缓慢发育，冬至以后迅速发育。母貂是刺激性排卵动物，只能通过交配才能排出卵母细胞。母貂卵巢也具有明显的季节性变化，秋分后卵巢逐渐发育，3月初的配种期发育成熟。

一、发情鉴定

由于我国不同地区的养殖经验和劳动力资源差异，发情鉴定方法也各不相同，主要采用试情法和外部观察法。

目前，大部分养殖场均采用试情法，即将母貂从笼内抓出，放入公貂的笼内，根据母貂对公貂的反应来判断发情情况。另外，也有养殖场采用外部观察法，即观察母貂的精神状态、行为变化，特别是通过外阴部的变化来判断是否发情。一般根据母貂的外阴部变化分为发情前期（包括发情前一期和发情前二期）、发情期和发情后期（图3–1、图3–2）。水貂养殖场主要在配种前期，对所有母貂进行外部观察，根据外阴部变化判断母貂发情时期，再决定母貂参加配种的时间和顺序。

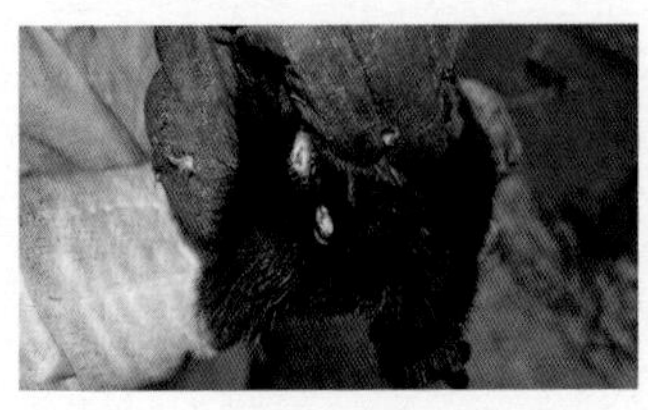

图3-1　短毛黑母貂发情前期

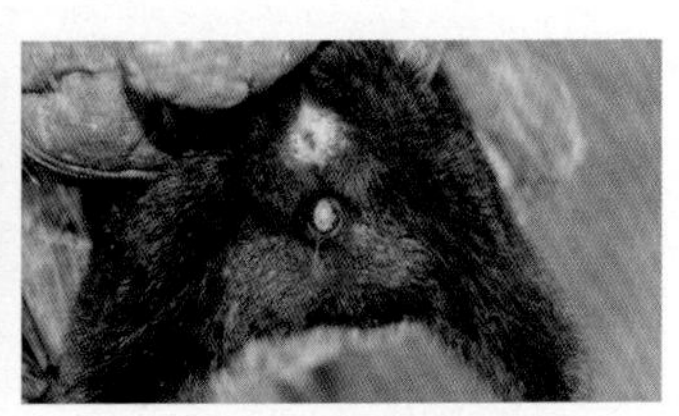

图3-2　银蓝母貂发情期

二、配种方式

水貂是季节性多次发情动物，在配种季节母貂具有 2 ～ 4 个发情周期，每个发情周期通常为 7 ～ 10 d，发情持续期为 1 ～ 3 d，间情期为 4 ～ 6 d，母貂在发情持续期较易于接受交配。丹麦研究表明，两次交配会增加产仔数，尤其是在交配间隔一周的情况下。大约 87% 的后代来自第二次交配，13% 来自第一次交配。目前，为了获得更多产仔数，多采用二次配种方式，即“1+8”或“1+9”配种方式。

三、精液品质检查

配种期，对于初配的公貂都要进行精液品质检查。有条件的养殖场也可以在初配和复配阶段各检查 1 次，对配种次数多的公貂更要注意精液品质检测。

精液品质检查在室内进行。一般用清洁消毒的小吸管或钝头细玻璃管插入刚交配完的母貂阴道内（图 3–3），取少量精液（图 3–4），涂在载玻片上，置于 40 倍的显微镜下观察。主要检查精子的活力、形态和密度等情况。正常的精子呈直线运动，形状类似蝌蚪。

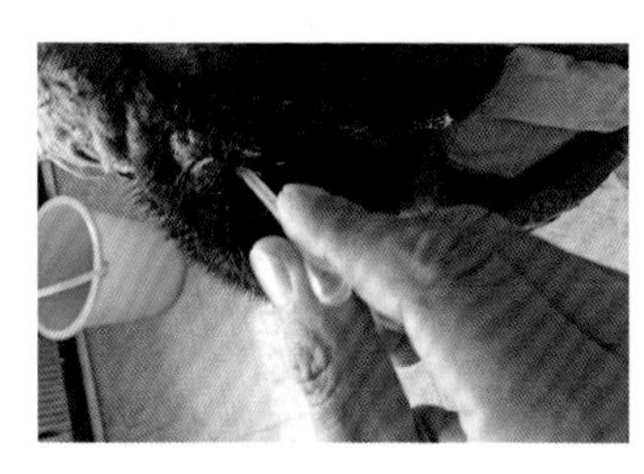

图 3-3　从交配后的母貂阴道内采集精液

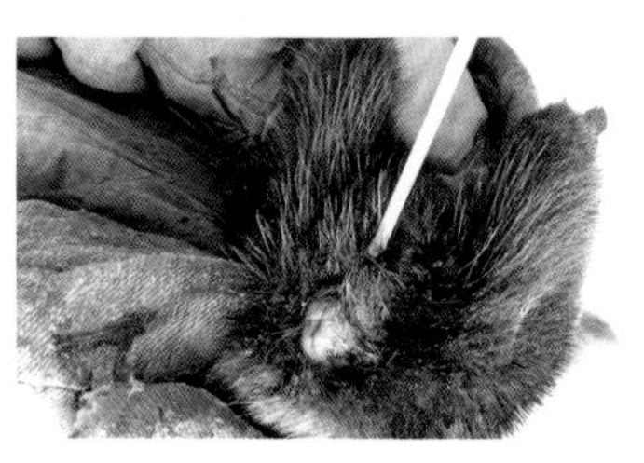

图 3-4　精液采集

四、妊娠

母貂配种结束后，受精卵有 40 ～ 70 d 的胚泡滞育期。滞育结束后，胚泡植入子宫内开始着床，胚胎开始迅速发育，约 30 d 开始分娩（图 3–5）。

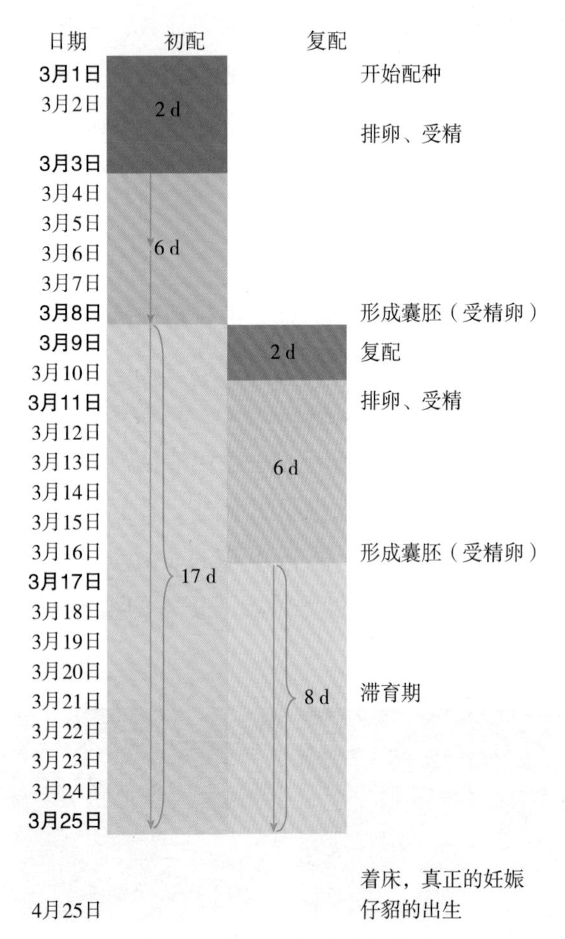

图 3-5　水貂配种及妊娠时间表

1. 滞育

在胚胎植入子宫之前，胚胎处于静止期并且在子宫内游离，一般要持续几天到几周不等，这种现象被称为滞育或延迟着床。

2. 着床

滞育结束，胚胎开始在子宫内着床。光照时间对母貂着床起着重要作用，一般在春分后，白昼变长，开始给母貂一个信号，下丘脑分泌激素，促进受精卵着床（图 3–6）。

图 3-6　水貂妊娠后期

五、产仔、保活

1. 分娩

分娩过程是妊娠末期，血液中孕酮浓度下降，前列腺素和催产素的水平升高，后两种激素刺激子宫收缩进而分娩。母貂正常分娩一只仔貂的时间大约需要 37 min，如果分娩时间较长，会导致更多的仔貂死亡。

2. 乳腺发育

母貂乳腺是在妊娠期的最后 3 周发育起来的。乳腺在哺乳期持续产奶，但是仔貂断奶后，乳腺会退化。

3. 泌乳

在白天或晚上的任何时候，母貂都给仔貂哺乳（图 3–7），仔貂不一定每次都从同一个奶头上吮吸乳汁。在哺乳期的第一周，母貂每天的产奶量约 11 mL。到第三周时，母貂每天的产奶量约 27 mL。

图 3-7　母貂给仔貂哺乳

第二节　水貂的选种技术

规模化的水貂场要想更好地生存、发展，就必须摆脱国外品种的制约，努力培育出满足市场需求的国产化新品种。另外，国外引进的优良品种，如果不对其实施选育措施，优良的生产性能会逐渐退化。因此，选种是水貂生产管理核心部分，而选种的流程则是通过生产性能测定和遗传评估对种群进行不断的优选，使群体中个体更接近特定的选育目标。优良的性状只有通过不断的选择才能得到巩固和提高。因此，选种是改良和提高水貂生产性能的重要手段。

国内外的科研机构和养殖企业一直十分重视水貂品种选育和提高，大力开发生产性能自动测定设备和遗传评估技术，通过不断调整育种目标，加强选种和配套工程技术的研究，使水貂的生产性能持续提高。

一、水貂品种的选育

1. 确定选种目标

我国水貂育种方向是选育优质、高产、低耗和抗病的国产化水貂新品种。主要的育种目标是毛绒品质优良、大体型、繁殖力高等。

2. 组建种貂群

首先由原产地引进，并经检疫、鉴定的原种亲本组成基础群；再从基础群个体中经综合鉴定，选择符合育种目标的优秀个体组成种貂群。

3. 生产性能测定

生产性能测定是水貂选种中最基本的工作，是其他一切育种工作的基础。水貂的生产性能测定一般采用场内测定法，即直接在养殖场内进行性能测定，测定的性状主要包括：生长性状（出生窝重、分窝重、复选体重、复选体长、终选体重、终选体长）、繁殖性状（公貂受配率、总产仔数、总活仔数、分窝成活数）、毛绒品质性状（针毛长度、毛细度、毛密度、光泽度、清晰度）等。

4. 遗传评估

水貂的主要经济性状多为数量性状，受微效多基因控制。由于基因效应无法直接观察或测量，但可以利用生产性能的表型值和亲缘关系进行育种值估计，进而准确地预测该动物自身和后代的未来表现。

丹麦毛皮养殖协会和农场主使用数据管理系统或管理软件进行相关数据分析，协会的数据中心存有所有农场养殖水貂的注册信息。这个注册信息每年更新两次，一次是在每年的 1 月份，对留种的种兽信息进行更新。另一次是产仔后，对配种信息和产仔信息进行更新。数据中心根据注册的信息打印育种卡片（图 3–8、图 3–9）。另外，部分丹麦水貂农场主广泛使用 Fur APP 和 Mors winmink 等养殖场管理软件，利用所有的系谱信息和生产性能信息，尽可能地估算出水貂的育种值。再利用育种值排队筛选出遗传素质好的种兽，加速生长、繁殖和毛绒品质等性状的遗传改良。目前，国内已开发出成熟的毛皮动物养殖管理系统（图 3–10），可以追溯养殖过程及监管，实现对育种、繁育、防疫、追溯等全流程化、数字化管理的目标。不仅有助于基础数据的采集，还能帮助养殖场实现及时的成本分析和计算管理，实现对水貂从引种、到场、入场、喂养、健康、种兽和皮张销售等全生命周期的精准管控。

色型 总分 范围 栋/笼
母本 外祖父 外祖母
父本 祖父 祖母
水貂育种软件
公兽卡
出生日期 窝产仔数
质量 厚度 光泽度 清晰度 尺寸 产仔数
品质
指数
产仔数 成活数 死胎数 平均数 损失数

与配母兽	日期	产仔数

图 3-8 公貂育种卡片

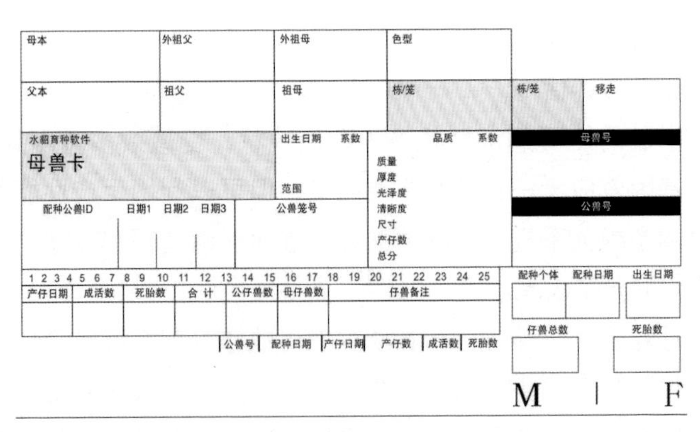
母本 外祖父 外祖母 色型
父本 祖父 祖母 栋/笼 栋/笼 移走
水貂育种软件
母兽卡
出生日期 系数
范围
品质 系数
质量
厚度
光泽度
清晰度
尺寸
产仔数
总分
母兽号
公兽号
配种公兽ID 日期1 日期2 日期3 公兽笼号
1 2 3 4 5 6 7 8 9 10 11 12 13 14 15 16 17 18 19 20 21 22 23 24 25
配种个体 配种日期 出生日期
产仔日期 成活数 死胎数 合 计 公仔兽数 母仔兽数 仔兽备注
仔兽总数 死胎数
公兽号 配种日期 产仔日期 产仔数 成活数 死胎数
M | F

图 3-9 母貂育种卡片

图 3-10　毛皮动物养殖管理系统

二、后备种貂的选种工作

在核心群的母貂后代中，进行后备种貂的留种、测定和评估工作。各个阶段应严格把关，层层筛选，择优录用。选种工作之前，应仔细研究上一年皮张的情况，了解目前群体的优点和缺点后，再制订出留种计划。水貂选种一般分为初选、复选和终选，一般初选由饲养员进行，复选由技术人员负责，终选定群由技术场长、专业皮张鉴定人员或专业育种人员集体把关。

1. 初选

在 6—7 月分窝前后进行。经产母貂根据产仔情况，仔貂根据发育情况进行选种。选择 5 月 7 日前出生、发育正常、谱系清楚、采食较早的仔貂作为初选对象。经产母貂选择发情早、交配顺利、妊娠期在 77 d 以内、产仔早（5 月 7 日以前）、胎产仔数多（6 只以上）、母性强、乳量充足、仔貂发育正常的母貂作为初选对象（图 3-11）。

2. 复选

在 9—10 月进行，成年母貂根据体质恢复和换毛情况，仔

图 3-11　水貂根据产仔数和母性进行初选

貂根据生长发育和换毛情况进行选种。成年母貂除个别有病和体质恢复较差者外，基本全部留种。育成仔貂选择发育正常、体质健壮、体型大、换毛早的个体留种。复选的数量比计划留种数多20%。10 月下旬，对所有种貂进行阿留申病血液样本检测，检出的阳性个体应全部淘汰。

3. 终选

11 月 17 日前，对所有准备留种的水貂进行体重、体长和毛绒品质选择，包括体重、体长的测量或观测（图 3–12），毛色（图 3–13）、针绒毛长度、细度、密度、光泽度和清晰度鉴定等（图 3–14）。

图 3-12　水貂终选时体重称量和体况检查

图 3-13　水貂终选时毛色鉴定

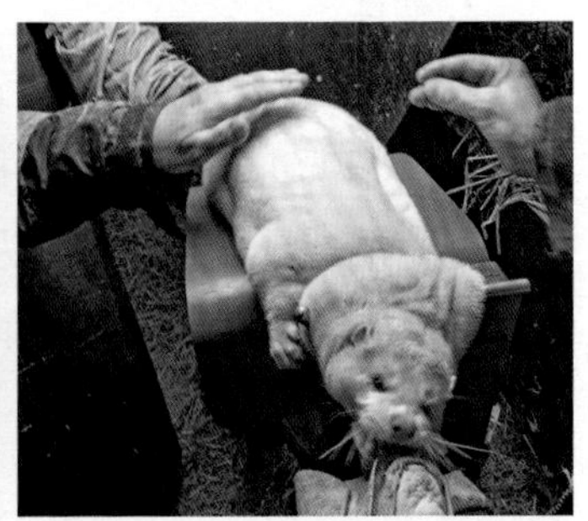
图 3-14　水貂终选时毛绒品质鉴定

第四章

水貂饲料加工配制技术及典型饲料配方

水貂饲料配制技术即通过加工提高饲料的品质和机体对饲料的消化利用率，从而保证动物的健康生长发育和健康生产活动。水貂的饲料原料种类很多，不同饲料的营养成分、消化利用率存在很大差异。结合水貂在不同生物学时期的营养需要，合理选择多种饲料原料进行搭配，加工成营养丰富的配合饲料来满足养殖需要。在生产实际中，根据水貂的生产性能筛选出了一些典型的饲料配方，以供养殖人员参考。

第一节　水貂的饲料原料

水貂饲料主要包括动物性饲料、植物性饲料、添加剂饲料及其他类饲料。本节中主要介绍常规动物性鲜饲料和干粉性饲料的种类、营养成分。

一、动物性鲜饲料

动物性鲜饲料主要包括鱼类饲料、肉类饲料、动物副产品饲料。动物性鲜饲料适口性好，含有丰富的蛋白质和脂肪，在水貂配合料中占比 70% 以上。

1. 黄花鱼

黄花鱼（图 4–1）是优质的动物性蛋白质饲料，多用于水貂繁殖期，由于黄花鱼价格高，考虑饲养成本，一般在配合饲料中的添加比例为 5% ～ 10%。黄花鱼的营养成分见表 4–1。

2. 红娘子鱼

红娘子鱼（图 4–2）是水貂的常用优质动物性蛋白质饲料，水貂各生物学时期均可添加，一般添加比例在 5% ～ 15%。红娘子鱼的营养成分见表 4–2。

图 4-1 冷冻黄花鱼

表 4–1 黄花鱼营养成分含量（以风干物质为基础）

营养指标	营养含量
粗蛋白（%）	69.55
粗脂肪（%）	12.81
粗灰分（%）	9.66
钙（%）	3.82
总磷（%）	2.16
有机物（%）	82.69
盐分（%）	0.45
钙磷比	1.76
饲料总能（MJ/kg）	18.21

（a）

（b）

图 4-2　冷冻红娘子鱼

表 4–2　红娘子鱼营养成分含量（以风干物质为基础）

营养指标	营养含量
粗蛋白（%）	70.66
粗脂肪（%）	5.62
粗灰分（%）	22.33
钙（%）	5.37
总磷（%）	3.53
有机物（%）	82.69
盐分（%）	0.47
钙磷比	1.52
饲料总能（MJ/kg）	18.11

3. 青鱼

青鱼（图 4–3）是水貂常用的饲料原料，青鱼中组氨酸的含量较高，且富含的不饱和脂肪酸容易氧化酸败，一般在饲料中的添加比例为 5% ～ 8%。青鱼的营养成分见表 4–3。

图 4-3　冷冻青鱼

表 4–3　青鱼营养成分含量（以风干物质为基础）

营养指标	营养含量
粗蛋白（%）	61.90
粗脂肪（%）	25.13
粗灰分（%）	11.02
钙（%）	1.78
总磷（%）	1.88
有机物（%）	84.87
盐分（%）	0.57
钙磷比	0.95
饲料总能（MJ/kg）	21.47

4. 沙里钻鱼

沙里钻鱼（图 4–4）是水貂常用的饲料原料，一般在饲料中添加比例为 5% ～ 10%。沙里钻鱼的营养成分见表 4–4。

图 4-4　冷冻沙里钻鱼

表 4–4　沙里钻鱼营养成分含量（以风干物质为基础）

营养指标	营养含量
粗蛋白（%）	56.26
粗脂肪（%）	21.84
粗灰分（%）	9.82
钙（%）	3.59
总磷（%）	1.97
有机物（%）	83.68
盐分（%）	0.50
钙磷比	1.82
饲料总能（MJ/kg）	20.17

5. 沙胖头鱼

沙胖头鱼（图 4–5）是水貂常用的饲料原料，一般在饲料中添加比例为 5% ~ 10%。沙胖头鱼的营养成分见表 4–5。

图 4-5　冷冻沙胖头鱼

表 4–5　沙胖头鱼营养成分含量（以风干物质为基础）

营养指标	营养含量
粗蛋白（%）	55.51
粗脂肪（%）	16.07
粗灰分（%）	6.00
钙（%）	1.22
总磷（%）	0.69
有机物（%）	87.75
盐分（%）	0.50
钙磷比	1.82
饲料总能（MJ/kg）	18.46

6. 马掌丁鱼

马掌丁鱼（图 4–6）是水貂常用的饲料原料，一般在饲料中添加比例为 5% ～ 10%。马掌丁鱼的营养成分见表 4–6。

图 4-6　冷冻马掌丁鱼

表 4–6　马掌丁鱼营养成分含量（以风干物质为基础）

营养指标	营养含量
粗蛋白（%）	61.30
粗脂肪（%）	13.76
粗灰分（%）	17.45
钙（%）	13.56
总磷（%）	7.19
有机物（%）	67.76
盐分（%）	0.38
钙磷比	1.88
饲料总能（MJ/kg）	17.93

7. 安康鱼

安康鱼（图 4–7）是水貂常用的饲料原料，一般在饲料中添加比例为 5% ～ 10%。安康鱼的营养成分见表 4–7。

图 4-7　冷冻安康鱼

表 4–7　安康鱼营养成分含量（以风干物质为基础）

营养指标	营养含量
粗蛋白（%）	65.05
粗脂肪（%）	10.14
粗灰分（%）	25.72
碳水化合物（%）	—
钙（%）	13.56
总磷（%）	7.19
有机物（%）	67.76
盐分（%）	0.38
钙磷比	1.88
饲料总能（MJ/kg）	17.06

8. 带鱼

带鱼（图 4–8）是水貂常用的饲料原料，一般在饲料中添加比例为 5% ～ 10%。带鱼的营养成分见表 4–8。

图 4-8　冷冻带鱼

表 4–8　带鱼营养成分含量（以风干物质为基础）

营养指标	营养含量
粗蛋白（%）	65.57
粗脂肪（%）	18.81
粗灰分（%）	8.89
钙（%）	3.57
总磷（%）	2.23
有机物（%）	84.61
盐分（%）	0.49
钙磷比	1.60
饲料总能（MJ/kg）	19.02

9. 鳕鱼

鳕鱼（图 4-9）肉质较硬，与海杂鱼、马掌丁鱼搭配使用较好，一般在饲料中添加比例为 8% ～ 12%。鳕鱼的营养成分见表 4-9。

图 4-9 冷冻鳕鱼

表 4-9 鳕鱼营养成分含量（以风干物质为基础）

营养指标	营养含量
粗蛋白（%）	68.54
粗脂肪（%）	7.63
粗灰分（%）	12.90
钙（%）	2.84
总磷（%）	1.71
有机物（%）	87.4
盐分（%）	0.31
钙磷比	2.59
饲料总能（MJ/kg）	16.82

10. 海杂鱼

海杂鱼（图 4-10）是水貂常用的动物性饲料原料，由于鱼类的种类差别大，饲料的营养成分变化较大。一般在饲料中的添加比例为 10% ～ 15%。海杂鱼的营养成分见表 4-10。

图 4-10　冷冻海杂鱼

表 4-10　海杂鱼营养成分含量（以风干物质为基础）

营养指标	营养含量
粗蛋白（%）	53.97
粗脂肪（%）	6.63
粗灰分（%）	11.17
钙（%）	3.14
总磷（%）	2.59
有机物（%）	82.33
盐分（%）	0.42
钙磷比	1.60
饲料总能（MJ/kg）	17.55

11. 安康鱼头

安康鱼头（图 4–11）适口性比较好，价格低廉，部分养殖地区用安康鱼头代替鱼排，一般在饲料中使用比例为 5% ～ 10%。安康鱼头的营养成分见表 4–11。

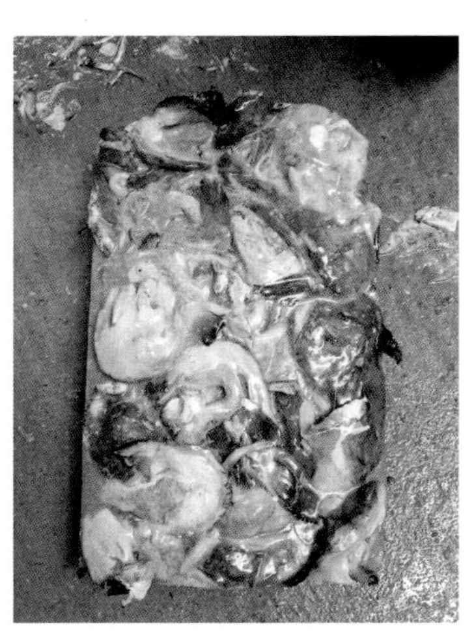

图 4-11 冷冻安康鱼头

表 4–11 安康鱼头营养成分含量（以风干物质为基础）

营养指标	营养含量
粗蛋白（%）	35.68
粗脂肪（%）	22.01
粗灰分（%）	8.87
钙（%）	2.21
总磷（%）	1.38
有机物（%）	84.37
盐分（%）	0.45
钙磷比	1.60
饲料总能（MJ/kg）	21.45

12. 鳕鱼排

鳕鱼排（图 4–12）是水貂常用的动物性饲料原料，近年来全鱼的价格持续上涨，为节约饲料成本，鱼排在饲料中添加的比例逐渐增加。一般在饲料中的添加比例为 10% ～ 15%。鳕鱼排的营养成分见表 4–12。

图 4-12　冷冻鳕鱼排

表 4–12　鳕鱼排营养成分含量（以风干物质为基础）

营养指标	营养含量
粗蛋白（%）	46.02
粗脂肪（%）	27.65
粗灰分（%）	23.18
碳水化合物（%）	0.96
钙（%）	8.00
总磷（%）	4.15
有机物（%）	74.63
盐分（%）	0.15
钙磷比	1.92
饲料总能（MJ/kg）	22.35

13. 鲽鱼排

鲽鱼排（图 4–13）是水貂常用的动物性饲料原料，价格略高于鳕鱼排。一般在饲料中的添加比例为 10% ～ 15%。鲽鱼排的营养成分见表 4–13。

图 4-13　冷冻鲽鱼排

表 4–13　鲽鱼排营养成分含量（以风干物质为基础）

营养指标	营养含量
粗蛋白（%）	54.87
粗脂肪（%）	15.97
粗灰分（%）	24.77
碳水化合物（%）	1.60
钙（%）	8.12
总磷（%）	3.92
有机物（%）	72.44
盐分（%）	0.16
钙磷比	2.07
饲料总能（MJ/kg）	19.83

14. 马哈鱼排

马哈鱼排（图 4–14）是水貂常用的动物性饲料原料，骨质坚硬，多用于育成后期，一般在饲料中的添加比例为 5% ～ 10%。马哈鱼排的营养成分见表 4–14。

图 4-14　冷冻马哈鱼排

表 4–14　马哈鱼排营养成分含量（以风干物质为基础）

营养指标	营养含量
粗蛋白（%）	38.97
粗脂肪（%）	23.56
粗灰分（%）	24.98
钙（%）	7.93
总磷（%）	3.96
有机物（%）	68.52
盐分（%）	0.31
钙磷比	2.00
饲料总能（MJ/kg）	21.88

15. 鸡骨架

鸡骨架（图 4–15）是水貂常用的饲料原料，可分为全架、半架和鸡胸架。一般在饲料中的添加比例为 10% ～ 25%。鸡骨架的营养成分见表 4–15。

图 4-15 冷冻鸡骨架

表 4–15 鸡架营养成分含量（以风干物质为基础）

营养指标	营养含量
粗蛋白（%）	38.97
粗脂肪（%）	39.88
粗灰分（%）	12.23
钙（%）	4.35
总磷（%）	2.53
有机物（%）	78.95
盐分（%）	0.19
钙磷比	1.71
饲料总能（MJ/kg）	23.20

16. 鸭骨架

鸭骨架（图 4–16）的价格相对鸡骨架便宜，常在饲料中替代部分鸡骨架。一般在饲料中的添加比例为 8% ～ 15%。鸭骨架的营养成分见表 4–16。

图 4-16　冷冻鸭骨架

表 4–16　鸭骨架营养成分含量（以风干物质为基础）

营养指标	营养含量
粗蛋白（%）	35.95
粗脂肪（%）	48.31
粗灰分（%）	11.89
钙（%）	4.07
总磷（%）	2.36
有机物（%）	81.61
盐分（%）	0.18
钙磷比	1.72
饲料总能（MJ/kg）	23.95

17. 鸡卵巢

鸡卵巢（图 4–17）的蛋白质含量丰富，价格低廉，一般在饲料中的添加比例为 5% ～ 8%。鸡卵巢的营养成分见表 4–17。

图 4-17 鸡卵巢

表 4–17 鸡卵巢营养成分含量（以风干物质为基础）

营养指标	营养含量
粗蛋白（%）	59.35
粗脂肪（%）	31.02
粗灰分（%）	2.52
钙（%）	0.45
总磷（%）	0.20
有机物（%）	91.48
盐分（%）	0.10
钙磷比	2.25
饲料总能（MJ/kg）	22.75

18. 鸡腺胃

鸡腺胃（图 4–18）的蛋白质、脂肪含量丰富，价格低廉，但随着市场需求量增加，鸡腺胃价格呈现上涨趋势。一般在饲料中的添加比例为 5% ～ 10%。鸡腺胃的营养成分见表 4–18。

图 4-18　鸡腺胃

表 4–18　鸡腺胃营养成分含量（以风干物质为基础）

营养指标	营养含量
粗蛋白（%）	29.48
粗脂肪（%）	43.26
粗灰分（%）	3.59
钙（%）	0.22
总磷（%）	0.17
有机物（%）	88.41
盐分（%）	0.05
钙磷比	1.29
饲料总能（MJ/kg）	27.15

19. 鸡肝

鸡肝（图 4–19）是水貂各生物学时期的必选饲料原料，价格波动大时，可用鸭肝代替，一般在饲料中的添加比例为 12% ～ 18%。鸡肝中含有大量的铁离子，比例超过 20% 容易引起营养性腹泻。鸡肝的营养成分见表 4–19。

图 4-19　鸡肝

表 4–19　鸡肝营养成分含量（以风干物质为基础）

营养指标	营养含量
粗蛋白（%）	58.67
粗脂肪（%）	13.27
粗灰分（%）	4.97
碳水化合物（%）	5.69
钙（%）	0.55
总磷（%）	1.05
有机物（%）	77.63
盐分（%）	0.07
钙磷比	0.53
饲料总能（MJ/kg）	17.31

20. 鸭肝

鸭肝（图 4–20）选择的区域性较强，由于养殖习惯不同，在水貂饲料中使用的比例不高，一般建议在 8% ～ 12%。鸭肝的营养成分见表 4–20。

图 4-20　鸭肝

表 4–20　鸭肝营养成分含量（以风干物质为基础）

营养指标	营养含量
粗蛋白（%）	43.57
粗脂肪（%）	26.04
粗灰分（%）	5.11
碳水化合物（%）	5.69
钙（%）	0.57
总磷（%）	1.03
有机物（%）	77.63
盐分（%）	0.07
钙磷比	0.53
饲料总能（MJ/kg）	18.15

二、干粉性饲料

干粉性饲料包括一些干动物性饲料和大部分植物性饲料。植物性饲料包括谷物、饼粕、果蔬类等，可以为水貂提供丰富的碳水化合物和多种维生素。

1. 鱼粉

鱼粉（图 4–21）常作为水貂鲜饲料中的补充饲料，由于加工鱼粉的鱼类和加工工艺不同，鱼粉的蛋白质含量存在差异。鱼类资源短缺时，一般在饲料中添加比例为 2% ～ 5%。鱼粉的营养成分见表 4–21。

图 4-21 鱼粉

表 4–21 鱼粉营养成分含量（以风干物质为基础）

营养指标	营养含量
粗蛋白（%）	61.78
粗脂肪（%）	10.36
粗灰分（%）	18.79
水分（%）	8.13
钙（%）	4.78
总磷（%）	3.03
有机物（%）	73.08
盐分（%）	1.45
钙磷比	1.57
饲料总能（MJ/kg）	17.59

2. 肉骨粉

肉骨粉（图 4–22）是水貂的商品料中常用原料，根据来源不同可分为鸡肉骨粉、猪肉骨粉和牛肉骨粉。一般在饲料中添加比例为 10% ～ 15%。肉骨粉的营养成分见表 4–22。

图 4-22　肉骨粉

表 4–22　肉骨粉营养成分含量（以风干物质为基础）

营养指标	营养含量
粗蛋白（%）	43.33
粗脂肪（%）	12.49
粗灰分（%）	34.34
水分（%）	7.50
钙（%）	9.77
总磷（%）	5.45
有机物（%）	58.16
盐分（%）	0.85
钙磷比	1.79
饲料总能（MJ/kg）	16.74

3. 羽毛粉

羽毛粉（图 4–23）常作为水貂补充含硫氨基酸的饲料原料，多在育成后期或冬毛期使用，一般饲料中的添加比例为 1% ～ 3%。羽毛粉的营养成分见表 4–23。

图 4-23　羽毛粉

表 4–23　羽毛粉营养成分含量（以风干物质为基础）

营养指标	营养含量
粗蛋白（%）	80.25
粗脂肪（%）	2.40
粗灰分（%）	3.8
水分（%）	6.93
钙（%）	0.18
总磷（%）	0.67
有机物（%）	89.27
盐分（%）	0.05
钙磷比	0.26
饲料总能（MJ/kg）	16.69

4. 血粉

血粉（图 4–24）在水貂饲料中使用具有明显的地域特点，常见的血粉来源有鸡血粉、鸭血粉和猪血粉。根据加工工艺不同，可分为血浆蛋白粉和血球蛋白粉。一般在饲料中的添加比例为 2%。血粉的营养成分见表 4–24。

图 4-24　血粉

表 4–24　血粉营养成分含量（以风干物质为基础）

营养指标	营养含量
粗蛋白（%）	90.45
粗脂肪（%）	1.20
粗灰分（%）	1.30
水分（%）	7.05
钙（%）	0.20
总磷（%）	0.31
有机物（%）	91.65
盐分（%）	—
钙磷比	0.64
饲料总能（MJ/kg）	16.05

5. 豆粕

豆粕（图 4–25）是水貂常用的植物性蛋白质饲料之一，脲酶活性只有在国家标准允许范围内，才可在水貂饲料中使用。一般在饲料中添加比例为 3% ～ 5%。豆粕的营养成分见表 4–25。

图 4-25　豆粕

表 4–25　豆粕营养成分含量（以风干物质为基础）

营养指标	营养含量
粗蛋白（%）	44.51
粗脂肪（%）	1.74
粗灰分（%）	6.21
水分（%）	8.37
碳水化合物（%）	39.17
钙（%）	0.40
总磷（%）	0.91
有机物（%）	85.42
盐分（%）	0.02
钙磷比	0.44
饲料总能（MJ/kg）	16.24

6. 玉米蛋白粉

玉米蛋白粉（图 4–26）是水貂的商品料中常用原料之一，氨基酸组成不平衡，且消化率低，一般在饲料中添加比例为 5% ～ 8%。玉米蛋白粉的营养成分见表 4–26。

图 4-26　玉米蛋白粉

表 4–26　玉米蛋白粉营养成分含量（以风干物质为基础）

营养指标	营养含量
粗蛋白（%）	63.57
粗脂肪（%）	7.3
粗灰分（%）	1.15
水分（%）	8.37
碳水化合物（%）	39.17
钙（%）	0.20
总磷（%）	0.25
有机物（%）	85.42
盐分（%）	0.02
钙磷比	0.80
饲料总能（MJ/kg）	17.45

7. 膨化玉米

膨化玉米（图 4–27）是水貂常用的能量饲料，玉米膨化度需要在 95% 以上，容重以 320 ～ 360 g/L 较好。生喂玉米易引起水貂腹泻。有的水貂养殖地区考虑玉米被霉菌污染后，产生玉米赤霉烯酮等毒素，用膨化小麦粉或燕麦粉代替。一般在饲料中的添加比例为 5% ～ 8%。膨化玉米的营养成分见表 4–27。

图 4-27　膨化玉米

表 4–27　膨化玉米营养成分含量（以风干物质为基础）

营养指标	营养含量
粗蛋白（%）	8.01
粗脂肪（%）	1.51
粗灰分（%）	4.93
水分（%）	8.48
碳水化合物（%）	77.07
钙（%）	0.23
总磷（%）	0.46
有机物（%）	86.59
盐分（%）	0.04
钙磷比	0.50
饲料总能（MJ/kg）	15.64

8. 膨化小麦粉

膨化小麦粉（图 4–28）是水貂常用的能量饲料，一般在饲料中的添加比例为 5% ～ 12%。膨化小麦粉的营养成分见表 4–28。

图 4-28　膨化小麦粉

表 4–28　膨化小麦粉营养成分含量（以风干物质为基础）

营养指标	营养含量
粗蛋白（%）	13.90
粗脂肪（%）	1.80
粗灰分（%）	2.2
水分（%）	8.60
碳水化合物（%）	73.50
钙（%）	0.20
总磷（%）	0.39
有机物（%）	91.20
盐分（%）	0.04
钙磷比	0.50
饲料总能（MJ/kg）	15.89

9. 小麦胚芽粕

小麦胚芽粕（图 4–29）膨化后消化率较高，富含天然维生素 E 和 B 族维生素，富含不饱和脂肪酸，多在水貂的繁殖期使用。一般在鲜饲料中使用量为 2%。小麦胚芽粕的营养成分见表 4–29。

图 4-29 小麦胚芽粕

表 4–29 小麦胚芽粕营养成分含量（以风干物质为基础）

营养指标	营养含量
粗蛋白（%）	28.07
粗脂肪（%）	7.55
粗灰分（%）	3.49
水分（%）	8.00
碳水化合物（%）	52.89
钙（%）	0.58
总磷（%）	0.66
有机物（%）	88.51
盐分（%）	—
钙磷比	0.95
饲料总能（MJ/kg）	17.12

10. 玉米胚芽粕

水貂对玉米胚芽粕（图 4–30）的消化率低，一般只在商品料中添加使用，可作为纤维来源的饲料使用。一般商品料中添加比例为 5% ～ 8%，鲜饲料中添加比例为 2%。玉米胚芽粕的营养成分见表 4–30。

图 4-30　玉米胚芽粕

表 4–30　玉米胚芽粕营养成分含量（以风干物质为基础）

营养指标	营养含量
粗蛋白（%）	22.35
粗脂肪（%）	2.02
粗灰分（%）	5.93
水分（%）	8.49
碳水化合物（%）	54.80
钙（%）	0.06
总磷（%）	0.50
有机物（%）	85.58
盐分（%）	0.02
钙磷比	0.12
饲料总能（MJ/kg）	16.87

11. 麦麸

麦麸（图 4–31）一般作为水貂饲料中膳食纤维来源，在饲料添加比例为 0.5% ～ 1%。麦麸的营养成分见表 4–31。

图 4-31　麦麸

表 4–31　麦麸营养成分含量（以风干物质为基础）

营养指标	营养含量
粗蛋白（%）	9.90
粗脂肪（%）	4.20
粗灰分（%）	5.30
水分（%）	11.50
碳水化合物（%）	69.10
钙（%）	1.1
总磷（%）	1.4
有机物（%）	83.40
盐分（%）	—
钙磷比	0.78
饲料总能（MJ/kg）	15.55

12. 发酵料

发酵料多以豆粕、棕榈粕、棉籽粕等为发酵底物，接种枯草芽孢杆菌、地衣芽孢杆菌等益生菌进行发酵，发酵后的饲料由于底物不同，颜色略有差异（图 4–32）。可以补充益生菌，调节水貂的营养物质消化，但由于发酵底物和菌种不同，市面上的发酵料价格差异极大。一般在饲料中建议添加比例在 2% ～ 5%。

图 4-32　发酵料

第二节　水貂的饲料配制技术

水貂通过采食配合比例适宜的饲料来满足机体新陈代谢的需要，任何单一的饲料都不可能满足动物生产的营养需要。动物在生产中对营养物质的需求可分为维持需要和生产需要，要正确运用饲养标准和饲料成分表。饲养标准上所列各类营养物质一般是下限值，即最低需要量，配合饲料可以稍高于下限值，但不能高得太多，可参考饲养学资料。有些营养物质规定的是上限值，比如硒，既不允许超过此值，也不能太低。

一、不同生物学时期的营养需求

根据我国饲养的水貂品种和饲料特点，科研人员系统研究了水貂在不同生物学时期的蛋白质、脂肪、能量、氨基酸、铜、锌等营养物质需要量，制定出我国水貂在不同生物学时期的营养需要量标准（表 4–32）。

表 4–32 水貂不同时期饲料营养需要量

营养指标	配种期	妊娠期	哺乳期	育成期	冬毛期	配种准备期
代谢能（MJ/kg）	16.3	16.8	17.0	16.8	16.8	16.4
粗蛋白（%）	32.0	36.0	40.0	34.0	32.0	33.0
赖氨酸（%）	1.6	1.6	1.6	1.8	1.6	1.6
蛋氨酸（%）	0.8	0.9	0.9	0.8	1.0	0.9
含硫氨酸（%）	1.2	1.3	1.3	1.1	1.3	1.2
钙（%）	1.2	1.5	1.6	1.5	1.3	1.3
磷（%）	1.0	1.2	1.2	1.2	1.0	1.0
钠（%）	0.6	0.6	0.6	0.5	0.5	0.5
钾（%）	0.8	0.8	0.8	0.8	0.8	0.8
铜（mg/kg）	40	40	40	40	60	40
锌（mg/kg）	120	120	120	80	80	80
铁（mg/kg）	90	90	90	90	90	90
锰（mg/kg）	40	40	40	40	40	40
硒（mg/kg）	0.2	0.2	0.2	0.2	0.2	0.2
维生素 A（IU/kg）	6 000	6 000	6 000	6 000	5 000	6 000

二、不同生物学时期的典型饲料配方

日粮是根据水貂不同生物学时期营养需要特点，采用多种饲料混合搭配组成的混合饲料。目前多采用重量百分比与代谢能相结合的方法，便于确定水貂每天适宜的饲料饲喂量。根据实际养殖的情况，筛选出一些经典配方以供参考（表 4–33）。

表 4–33　水貂不同饲养时期的经典饲料配方　（%）

饲料原料	配种期	妊娠期	哺乳期	育成期	配种准备期	冬毛期
鲽鱼排	10	8	8	10	15	10
鳕鱼排	15	12	12	15	15	15
黄花鱼	7	10	7.5	5	5	3
海杂鱼	12	12	15	8	5	5
马掌丁鱼	5	7	5	5	5	5
鸡肝	15	15	17	16	14	16
鸡骨架	10	10	10	10	10	15
鸭骨架	8	10	8	12	12	12
豆粕	4	4	4	4	4	4
血粉	2	2	1.5	2	2	2
膨化小麦粉	7.7	5.7	7.1	7.6	7.1	7.1
膨化玉米粉	3	3	3	3	3	3
豆油	—	—	0.5	1	1.5	1.5
预混料	1	1	1	1	1	1
食盐	0.1	0.1	0.2	0.2	0.2	0.2
醋酸	0.2	0.2	0.2	0.2	0.2	0.2
合计	100	100	100	100	100	100

三、饲料加工与调制

1. 动物性饲料原料的加工

质量新鲜的海杂鱼类和禽类副产品（如骨架、肝、腺胃等）宜生喂，生喂可提高其蛋白的消化率。冷冻的海杂鱼类和鸡副产品要彻底解冻，剔除杂质，用清水冲洗干净后，再用绞肉机绞碎（图 4–33）。禽类的下水类（如肠、肺、毛蛋等）和蛋类应熟制后饲喂（图 4–34）。夏季时，部分动物性饲料可以破冰后直接进行搅拌（图 4–35）。

2. 植物性饲料原料的加工

谷物类饲料原料（如玉米粉和小麦粉）应熟化后利用，可提高消化率和预防胃肠膨胀。目前，养殖场和饲料加工企业多采用膨化谷物类饲料，即膨化后的熟谷物类饲料，再经过粉碎后待用（图 4–36）。

3. 饲料的调制

按照饲料配方，把加工好的饲料原料准备齐全后，进行绞碎、混合调制（图 4–37、图 4–38）。先绞碎动物性原料（海杂鱼、禽类副产品），再搅拌植物性饲料原料（谷物类饲料原料），将绞碎的各种饲料原料直接放在搅拌槽、罐内充分搅拌后加入预混料或添加剂再进行搅拌。调制均匀的混合饲料快速地注入打食车内，分发到养殖场各区和各队（图 4–39 至图 4–42）。

图 4-33　动物性原料的冲洗、解冻

图 4-34　部分禽类副产品熟制、烘烤设备

图 4-35　破冰设备

图 4-36　谷物类饲料原料膨化设备

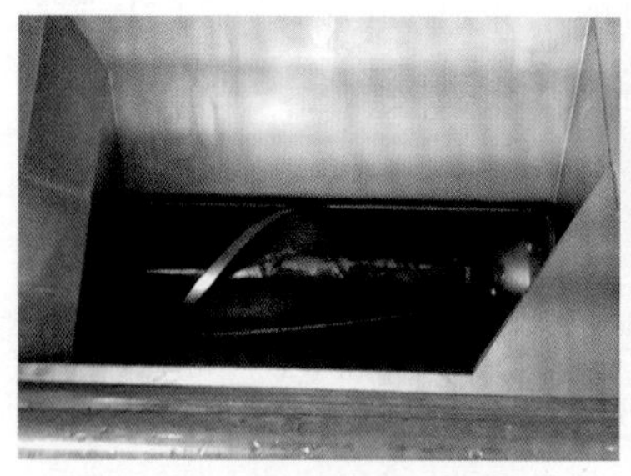

图 4-37　动物性原料绞碎设备

图 4-38　饲料搅拌罐

图 4-39　饲料混合机

图 4-40　混合完毕的饲料产品

图 4-41　混合后的饲料注入打食车内

图 4-42　饲养员驾驶打食车进行饲料分发

第五章

水貂疾病的免疫与防控

第一节　水貂饲养场的防疫

一、防疫设施

水貂饲养场内建立分区围墙和区内分栋建设棚屋，阻止或延缓传染病蔓延。设立动物隔离墙、人员车辆消毒通道、器具消毒池来防范由外来动物和人员来往带入的外界疫病。设立兽医准备室对检疫试剂、疫苗及药品进行储存，做好防疫、检疫工作（图 5–1）。

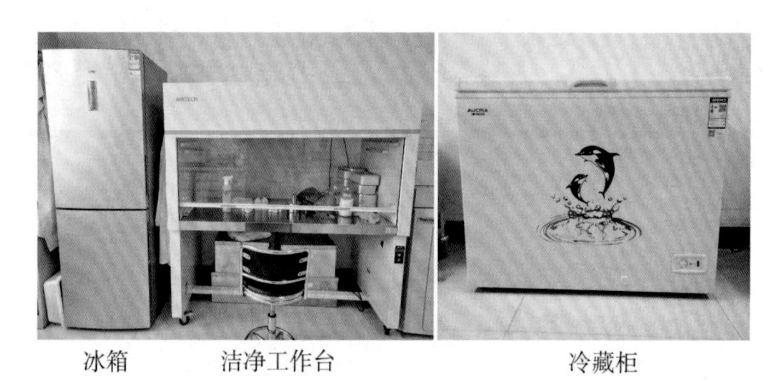

冰箱　　洁净工作台　　冷藏柜

图 5-1　兽医准备室

二、防疫措施

从养殖场区外进入场内需要经过消毒通道（图 5–2），使用适当浓度的消毒剂（表 5–1）喷洒、喷雾。定期对栋舍、场地进行熏蒸，浸泡器具杀灭病毒、细菌繁殖体（包括分枝杆菌）、真菌及其孢子，预防常见传染病。发病期提高消毒剂使用浓度及频次，使用消毒设备高效杀灭养殖场区环境中病原以切断传播途径（图 5–3）。消毒前彻底清理养殖场区中存在的粪便、饲料残渣、水貂分泌物以提高消杀效果。每次选择一种消毒剂使用，周期性更换消毒剂种类以增强消毒效力；避免酸性和碱性消毒剂混合使用导致消毒效力降低。低温、低湿环境可降低消毒效果，因此应根据天气情况安排消毒计划。

1. 防止传染病输入

通过设立养殖场外动物隔离围墙，人员车辆消毒通道、器具消毒池，防范外来动物和人员带入疫病。防暑降温、防寒保暖、保证饲料质量、饲料加工卫生（高温蒸煮肉类下脚料）、循环饮水安全，提高饲养条件，防止病原入侵。

2. 养殖场区卫生管理

为预防一般传染病，应定期对水貂栋舍进行化学药剂消毒，定时更换消毒池中消毒液。发生传染病时，应根据疫病种类选用消毒剂和消毒方式对养殖场区污染笼具和场地做全面彻底消毒。同时对水貂排泄物、患病水貂尸体进行焚烧、深埋等无害化处理。依据养殖场区季节气候变化，安排清理水貂栋舍粪污、清洗食具频次。秋季喷洒润湿后清理毛尘，笼具用火焰灼烧脱毛，避免扬尘。通过控鼠、夏秋季地面和笼具定期消毒、体外寄生虫驱虫、饲喂环丙氨嗪、喷洒环丙氨嗪或灭蚊胺控制蚊蝇滋生等措施，切断疫病传播途径。

3. 重要传染病的防控

设立疫苗、药品储备防疫室，配备兽医技术人员。根据重要传染病流行情况制定免疫预防程序，有计划地对仔貂、种貂进行疫苗接种免疫；发生传染病时实行紧急疫苗接种预案或对症治疗（表 5–2）。水貂阿留申病通过定期检疫淘汰机制，定期进行消杀病原来防控。

图 5-2　入场人员消毒通道

图 5-3　消毒器械

表 5-1 常用消毒剂及其用法

种类	性质	使用浓度	途径	消毒范围	备注
火碱（氢氧化钠）	碱类	2% ～ 4% 水溶液	喷洒	地面、墙面	
生石灰	碱类	10% ～ 20% 石灰乳 干粉	喷洒 覆盖	地面，墙面 阴湿表面、污水	
醋酸	酸类	30% ～ 40% 溶液	喷雾	窝箱、空气	带兽消毒
过氧乙酸	酸类氧化剂	0.2% ～ 0.5% 水溶液 3% ～ 5% 水溶液	喷雾、浸泡 2 ～ 5 mL/m^3 熏蒸	墙表、器具 封闭空间	现配现用
漂白粉（次氯酸钠）	含氯消毒剂	0.05% 5% ～ 10%	添加 浸泡	饮用水 饲料加工间地面、器具，污水	
二氧化氯粉剂	含氯消毒剂	0.3 ～ 3 mg/L	添加、喷雾 浸泡	饮用水、空气、地面，器具	
福尔马林	醛类消毒剂	5% 甲醛溶液	喷洒 20 mL/m^3 熏蒸	地面，墙面 封闭空间	

表 5–2　防疫计划

传染病种类	病原	流行时期	疫苗类型	保护期	备注
水貂阿留申病	水貂阿留申病毒	9—12 月	无，检疫淘汰	—	仔貂 7 月初、种兽于 7 月初、12 月中旬各免疫接种一次
水貂犬瘟热	犬瘟热病毒	全年	犬瘟热弱毒疫苗	7 个月	
细小病毒肠炎	水貂肠炎细小病毒	9—12 月	肠炎灭活疫苗	7 个月	
出血性肺炎	绿脓杆菌	8—10 月	绿脓杆菌灭活菌苗	7 个月	后肢腹股沟或前肢腋窝皮下接种
肉毒素中毒	肉毒梭菌	7—9 月	肉毒梭菌 C 型类毒素疫苗	7 个月	接种剂量 1.2 mL

第二节　水貂主要疫病免疫

水貂规模化养殖场对于传染病要以预防为主，治疗为辅。依据防疫计划表，按时给假定未暴露病原的群体接种病毒减毒活疫苗或灭活疫苗、菌体灭活疫苗和类毒素疫苗（图 5–4）。为控制病毒感染蔓延，应制定发病时紧急接种预案。

疫苗在接种时会产生一定的副反应，在接种时要注意做好防范工作。注射器严格消毒，使用的连续注射器注射疫苗应做到一只水貂一个针头，避免注射过程传染其他无症状疫病（图 5–5）。为防止过敏反应发生，先进行群体小部分试种疫苗、验证安全后再全群接种。疫苗过敏反应重症者用盐酸肾上腺素等药物对症治疗。经检疫健康水貂或假定健康水貂接种疫苗。潜伏感染水貂紧急接种弱毒疫苗时会导致病情加重、死亡率提高。夏季接种疫苗选择早、晚凉爽时段，以降低应激。

在注射疫苗前，要认真阅读说明书。严格按说明运输、保存疫苗，避免活苗反复冻融，避免灭活苗冻存或常温长期保存；活苗与灭活疫苗联用注意充分混匀后在 2 h 内注射用完，确保皮下无漏液发生，在前肢腋窝、后肢腹股沟部位注射足量疫苗，亦可联用单苗分部位注射，避免疫苗间免疫干扰（图 5-6）。

水貂患阿留申病会引起免疫系统紊乱、免疫抑制，疫苗接种免疫效果差；接种前后 7 ～ 14 日要停止使用驱虫药、抗生素，否则会降低疫苗免疫效果。

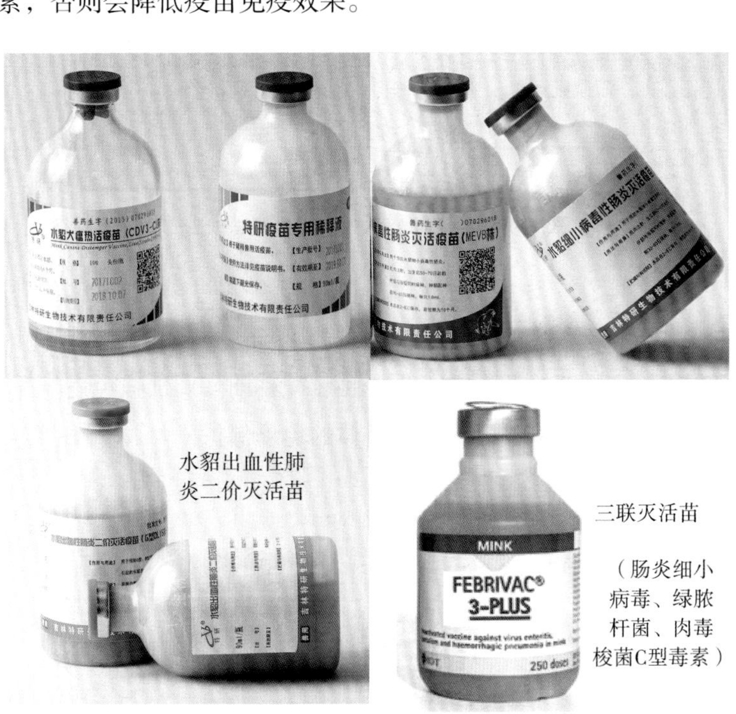

图 5-4　常用的 4 种水貂用疫苗

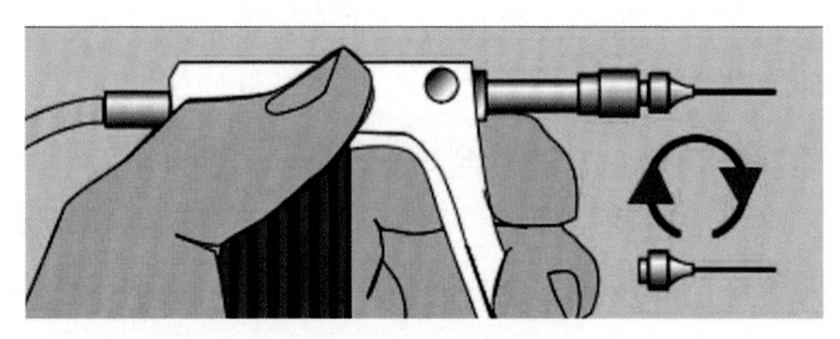

图 5-5　连续注射器及针头更换

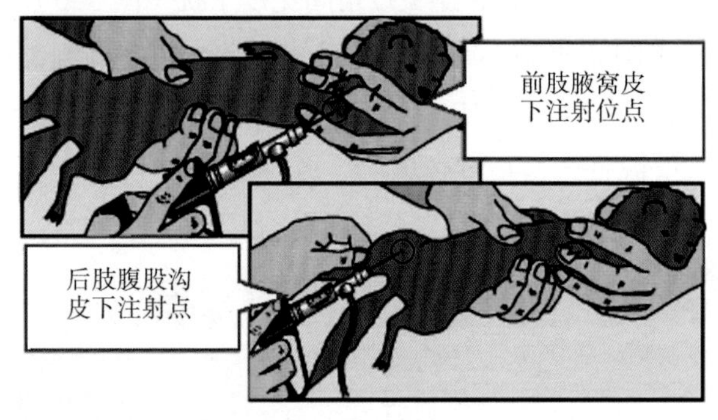

图 5-6　水貂皮下注射部位、可多位点注射疫苗

仔貂应在 7 ～ 8 周龄时首次进行免疫，过早注射疫苗，母源抗体干扰会降低疫苗免疫效果。为保证免疫效果，建议注射疫苗 3 ～ 4 周后加强免疫一次。种貂配种前 4 周加强免疫一次，保证仔貂哺乳期获得来自母源抗体的免疫保护。

第三节　水貂犬瘟热病

一、临床特征

水貂犬瘟热简称貂瘟，是由犬瘟热病毒所引起的急性、热性、传染性极强的高度接触性传染病。因体温升高，眼、鼻、呼吸道、消化道黏膜发炎并偶尔伴发神经症状和皮肤病变（图5-7）；病貂解剖见脑膜出血、肺脾淤血，膀胱黏膜出血点（图5-8）为特征，是水貂养殖业的主要传染病之一。

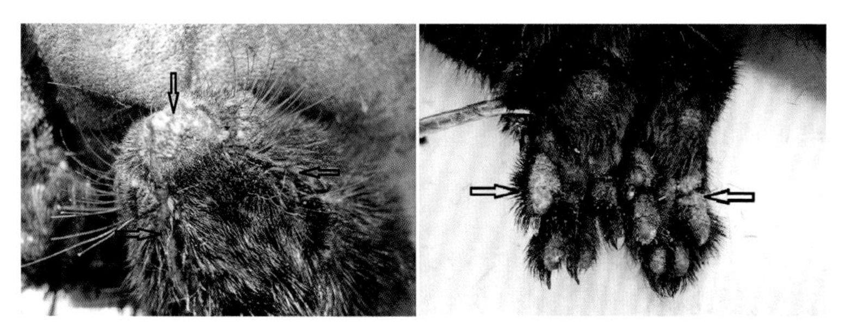

图 5-7　貂犬瘟热鼻丘疹、眼分泌黏液，脚垫角质化增厚

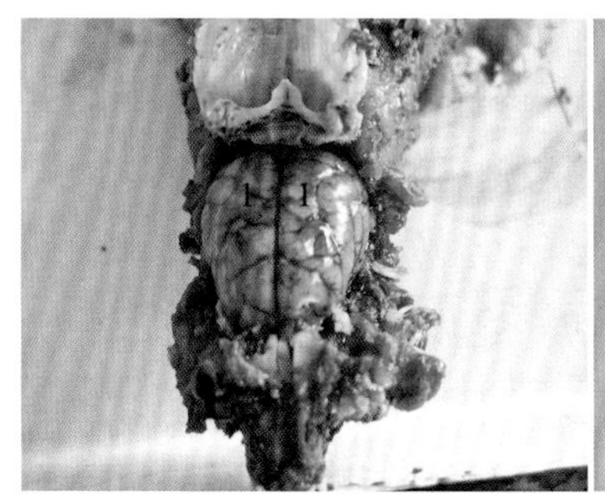

脑膜出血

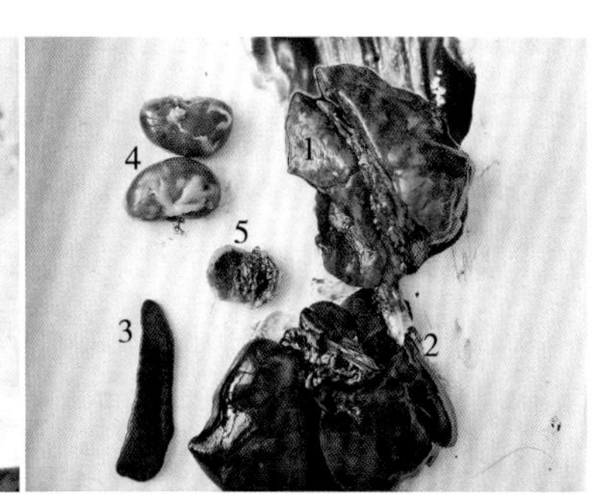

1. 肺淤血水肿　2. 肝淤血
3. 脾淤血　4. 肾淤血
5. 膀胱黏膜出血点

图 5-8　貂犬瘟热脑组织、脏器病变

断奶前后的仔貂和育成期水貂最敏感、发病率高、病死率高。通过带毒水貂的眼、鼻分泌物、唾液、尿、粪便排出病毒，污染饲料、水源和用具等，经消化道传染，也可通过飞沫、空气经呼吸传染，还可以通过黏膜传染。犬瘟热病的发生没有明

显的季节性，一年四季都可发生。

水貂犬瘟热病可分为最急性、急性、慢性和非典型隐性感染四个类型。

1. 最急性也称神经型

发病比例小，常发生于流行病的初期和后期，突然发病看不到前驱症状。病貂表现神经症状，癫痫性发作，口咬笼网发出刺耳的吱吱叫声、抽搐、口吐白沫，反复发作几次以死亡而告终。

2. 急性即卡他型

病初似感冒样，眼有泪、鼻有水样鼻液，体温高达 40 ～ 41 ℃，触诊脚掌皮温热，肛门或母貂外生殖器似发情样微肿。食欲减退或拒食、鼻镜干燥，随着病程的发展，眼部出现浆液性、黏液性乃至脓性眼眵，附着在内眼角或整个眼裂周围，重者将眼睛糊上。口裂和鼻部皮肤增厚，黏着糠麸样或豆腐渣样的干燥物。病貂被毛蓬乱、无光泽、毛丛中有谷糠样皮屑，颈部或腹内侧有黄褐色分泌物或皮疹，散发出腥臭味。消化紊乱、下痢，初期排出蛋清样粪便，后期粪便呈黄褐色或黑色煤焦油样。病貂不愿活动，喜卧于小室内（产箱）。病程平均 3 ～ 10 d，多数转归死亡。

3. 慢性又称皮疹型

一般病程为 2 ～ 4 周，患病水貂虽有急性经过的症状，但眼、耳、口、鼻、脚爪及颈部皮肤病变比较明显。病貂食欲减退，多卧于小室内。眼边干燥，似戴眼镜圈样，或上下眼睑被眼眵黏着，时而黏闭时而睁开。有的患病水貂耳边皮肤干燥无毛，鼻镜、上下唇和口角边缘皮肤有干痂物。病初爪趾间皮肤潮红，而后出现微小的湿疹，皮肤增厚肿胀、变硬，所以有“硬足掌症”之称。

4. 非典型隐性感染

病貂仅有轻微一过性的反应，类似感冒，无异常表现，快速耐过自愈，并获得较强的免疫力。

二、诊断与防治

根据上述症状和快速传播流行特点初判；剖检类似病例5只，观察肺、肝和脾有出血或坏死病变，胃、肠出血及膀胱黏膜出血斑病变，神经症状，脑膜有出血。抽检发病水貂分泌物、病变黏膜匀浆上清液，用病毒抗原检测卡检疫（图5–9）。建议仔貂分窝15日后尽早注射犬瘟热弱毒苗；种貂免疫两次，保证群体稳定的免疫保护水平。发病时，首先用犬瘟热病毒抗血清治疗，同时假定健康水貂紧急接种弱毒疫苗。

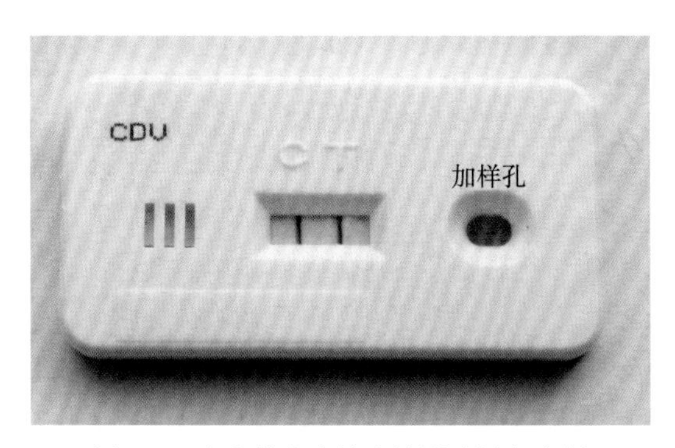

图5-9　犬瘟热病毒快速检测试纸卡诊断

第四节　水貂病毒性肠炎

一、临床特征

水貂病毒性肠炎是以胃肠黏膜炎症、出血、坏死所致持续性剧烈腹泻，粪便中含脱落的灰白色黏膜套管，白细胞显著减少的急性病毒性传染病（图 5–10、图 5–11）。仔貂和育成期水貂有较高的发病率和死亡率，多数病貂转归死亡，造成巨大损失。本病的病原为细小病毒科、细小病毒属的水貂肠炎病毒。本病毒对外界环境有较强的抵抗力，高温、酒精、0.5% 甲醛或苛性钠溶液室温条件下 12 h 失去活力。通过流行病学、临床症状、病理解剖和病理组织学变化等综合分析可做出初步诊断。

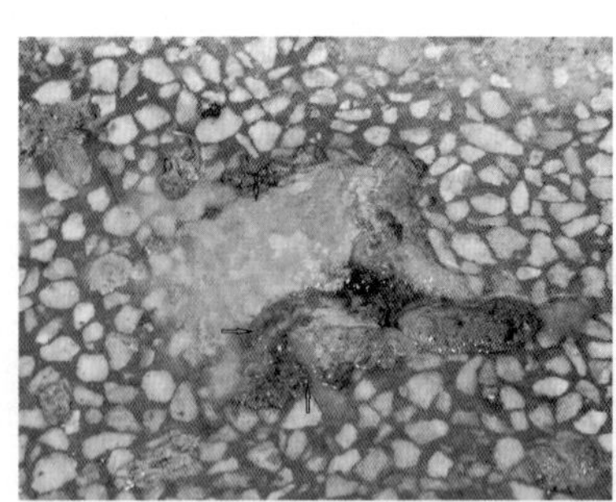

图 5-10　肠黏膜脱落

图 5-11　肠炎肠道壁变薄、充血

二、诊断与防治

根据症状和流行特点初判，取腹泻粪便制成稀释样，取上清液用病毒抗原检测卡快速诊断（图 5–12）。种貂配种前加强免疫一次，保证仔貂能获得足够的母源抗体免疫保护。隔离病兽后紧急接种无腹泻症状水貂。

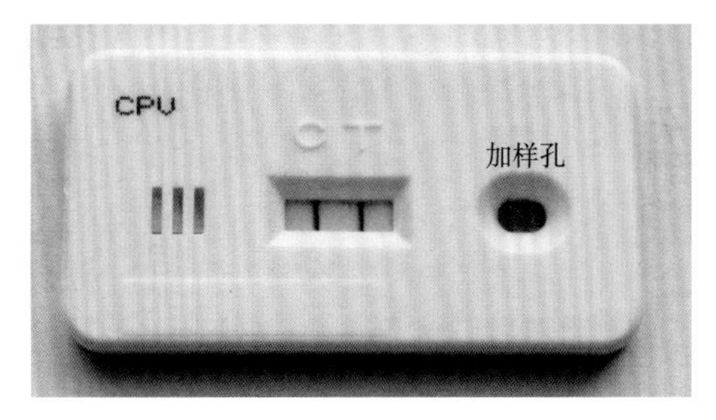

图 5-12　肠炎细小病毒检测试纸快速诊断

第五节　水貂出血性肺炎

一、临床特征

水貂出血性肺炎主要为绿脓杆菌引起的严重烈性传染病，水貂不分品种、年龄及性别均对绿脓杆菌易感，以阿留申病貂的易感性最高，水貂高毒力菌株引发的急性感染可导致严重肺炎，口鼻出血、突然死亡（图 5–13）。国内 8 月末至 11 月夏秋换季期高发，急性感染死亡率可达 50%，体型健硕的公貂易感染。绿脓杆菌污染水貂饲养场的水、笼具、水杯、食槽、被毛和尘土。

主要症状：食欲减退、精神萎靡、活动减少、窝于笼中，呼吸急迫、困难，发热持续时间长。病程 2 ～ 3 日，很快死亡，死前鼻或耳道有出血。发病水貂快速传播病菌，导致该病蔓延。

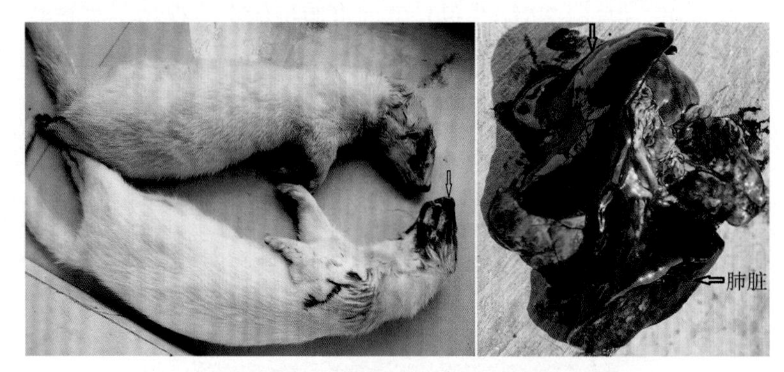

图 5-13　鼻腔出血，肺严重淤血

二、诊断与防治

肺组织细菌检测，包括快速镜检、PCR 检测确定绿脓杆菌感染。发病水貂饲养场会出现间隔再暴发，夏秋交季绿脓杆菌导致的出血性肺炎易发，因此应注意水貂笼舍环境中毛尘的清理，并在入秋前接种绿脓杆菌二价灭活疫苗。因绿脓杆菌易产生耐药性，发病养殖场应及时对病菌进行药敏测试，选择敏感抗生素积极治疗，以控制疫情，降低损失。

第六节　水貂肉毒素中毒

一、临床特征

肉毒梭菌 C 型肉毒素主要引起水貂中毒。肉毒素是一种嗜神经毒素，在夏、秋季节高温天气中粪便、腐败变质的食物是肉毒梭菌的来源，肉毒梭菌（图 5–14）污染的植物源性、动物源性食物进入肠道，在肠道厌氧环境下产生前体毒素，经肠道中蛋白酶激活后，肉毒梭菌毒素抑制胆碱能促使神经末梢释放乙酰胆碱，影响神经冲动的传递，导致肌肉松弛型麻痹。

肉毒素中毒发病急，在 24 h 内大量发病、突然死亡，尸检无病理变化。毒素破坏神经系统引起肌肉麻痹，表现晕厥、呼吸困难（呈腹式呼吸）致死。

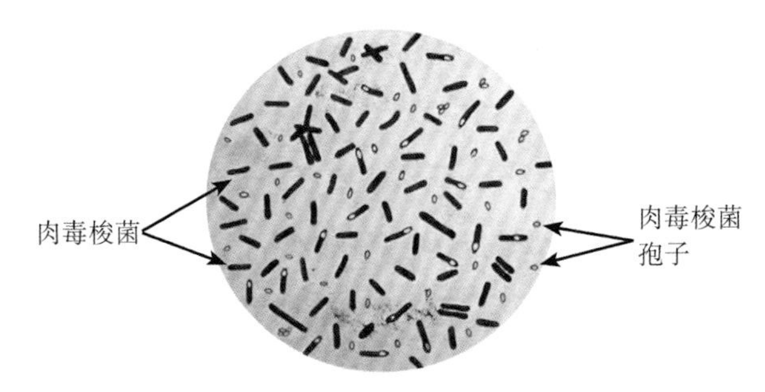

图 5-14　肉毒梭菌甲基紫染色镜检

二、诊断和防治

通过死亡水貂肠道内容物经细菌染色显微镜观察是否存在肉毒梭菌特征形态进行初诊，食物、死亡貂的血清、组织或粪便，再用小鼠作肉毒素中和试验确诊。最好的预防方法是蒸煮熟化食物灭活毒素，在夏季高温天气及时清理笼壁变质的残留食物。全群水貂在分窝后注射肉毒梭菌 C 型类毒素疫苗。

第七节　水貂阿留申病检疫和防控

一、临床特征

水貂阿留申病是由水貂阿留申病毒（AMDV）感染成年水貂引起的慢性、消耗性疫病，而病毒感染3月龄内幼龄水貂导致急性间质性肺炎，致死率高。病毒在成年水貂持续感染；侵害免疫细胞导致浆细胞增生，水貂体内产生的病毒抗体不能中和病毒，与病毒形成感染性的免疫复合物而致病，随后发展为免疫系统紊乱，出现自身免疫性疾病。病毒主要经体液接触快速传播，严重危害水貂繁殖性能。水貂阿留申病表现为免疫加重病情发展的特征，由于至今没有研发出有效预防阿留申病的疫苗，水貂阿留申病已成为水貂养殖业危害最为严重、需要首要防控的传染病。

阿留申病毒感染水貂一般9日后产生可检测抗体，感染水貂有三种发展方向：①病毒持续感染水貂出现慢性病症；②常见的病毒持续隐性感染水貂但无病症；③水貂清除短暂感染的病毒而康复。

常见症状：发病母貂群平均产仔数和仔貂成活数显著下降，哺乳幼龄水貂发生急性间质性肺炎，死亡率高。成年发病水貂厌食、明显消瘦、渴饮、黏膜苍白易出血；皮毛粗糙、凌乱，针毛星点样白化，冬毛长成期延迟。在国内入秋后气温下降，发病率升高，上述症状可作为阿留申病症状淘汰的指标。解剖见脏器明显病变：脾肿大或有坏死斑；肝黄染质脆；肾脏先肿大有出血点，后萎缩色黄质脆（图5-15）。

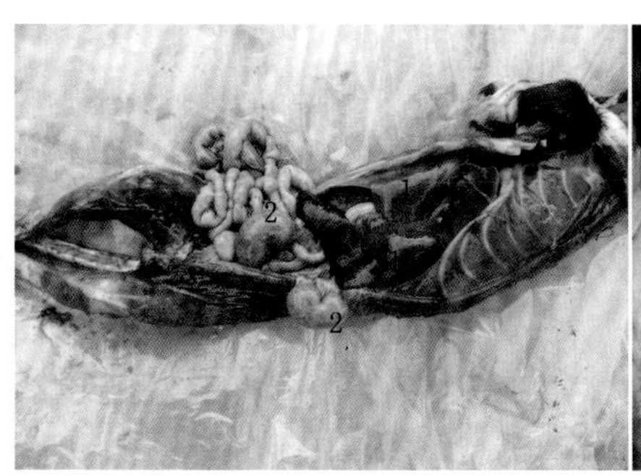

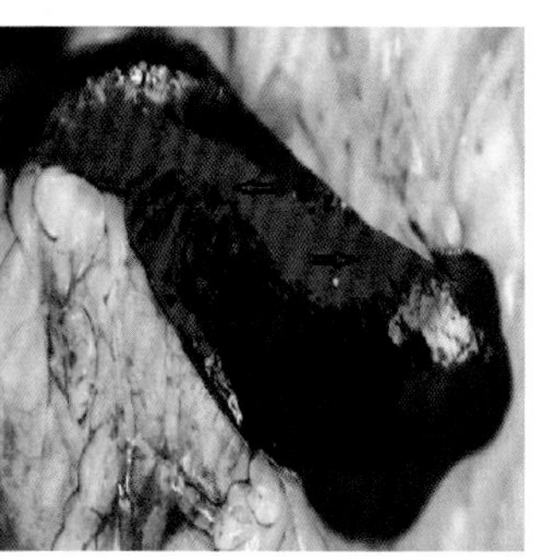

1. 肝脏黄染　2. 肾脏土豆样变　　　　　　　　脾脏坏死斑

图 5-15　水貂阿留申病貂的体形消瘦及脏器病变

二、规模化检疫方法

水貂引种、打皮、选种时期，对阿留申病毒及其抗体抗体进行检测，并及时淘汰感染水貂。养殖场打皮前 11 月、次年 1 月于配种前定期检疫，隔离淘汰感染水貂，隔离饲养阴性貂，净化水貂饲养场。通过控鼠、夏秋季实施寄生虫驱虫，控制蚊蝇滋生，切断阿留申病毒的媒介动物散播。

趾尖采血、针刺趾垫或趾交叉针刺采血，降低采血量、减少出血，做好止血，防止采血过程感染水貂交叉污染（图 5-16）。外周血经离心分离或冷藏析出血清。

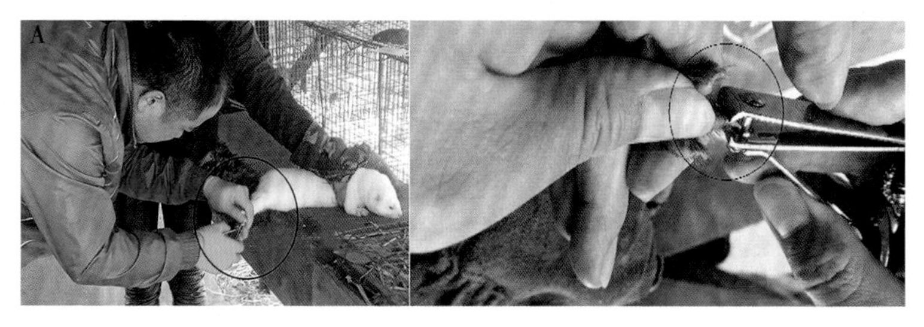

图 5-16　趾尖采血

低感染率的养殖场（小于5%），推荐用对流免疫电泳（CIEP）检测血清中病毒的抗体，参照《水貂阿留申病对流免疫电泳操作规程》（SN/T 1314—2003），经凝胶制备、加样、电泳、判读（依次如图5–17至图5–20）检疫流程，DIA酶联斑点检测经采血、NC膜点样、邮寄样品、实验室免疫反应、结果显影呈现（依次如图5–21至图5–23）（均摘自*Taranin A.V.*，2016），自动化ELISA抗体检测流程、装置及计算机处理，可选用其中一种抗体检测方法间隔多次检疫保证不漏检感染貂；用病毒核酸PCR检测技术早期检测带毒感染貂PCR设备和检测结果（图5–24）。高感染率水貂饲养场推荐用碘凝集试验检疫，淘汰碘凝集阳性貂。

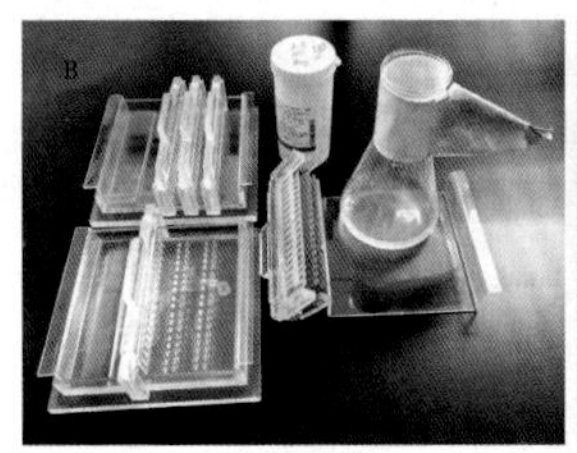

图5-17　CIEP做胶过程

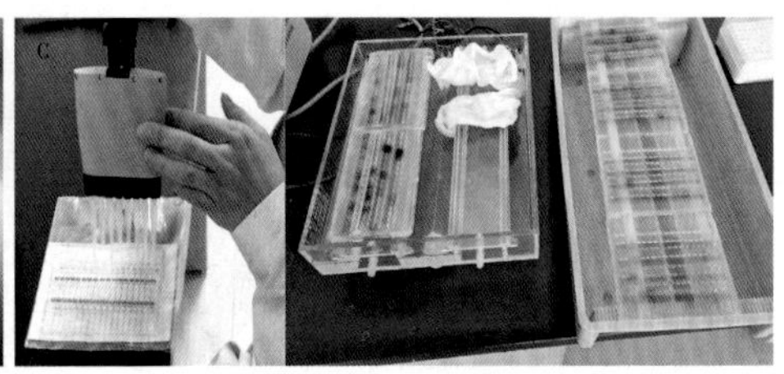

图5-18　CIEP加样、电泳

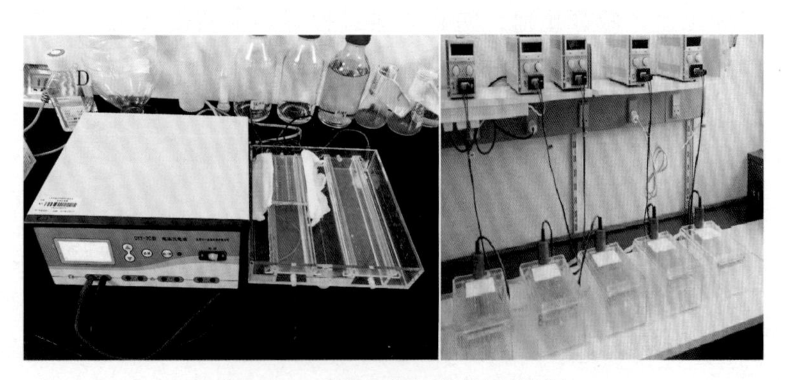

图5-19　对流免疫电泳及电泳装置

图 5-20　CIEP 检测结果　红线标示的白色沉淀线

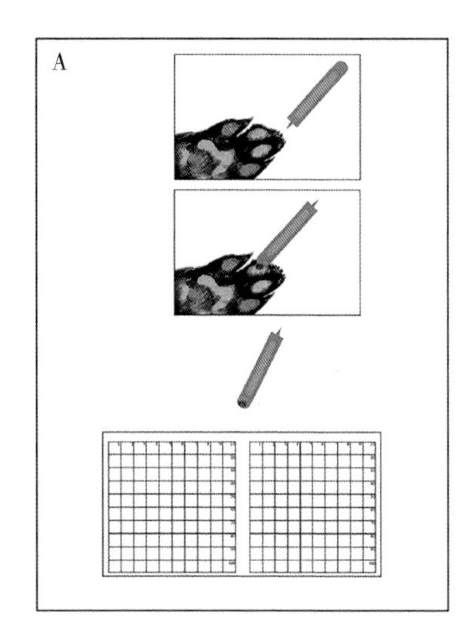

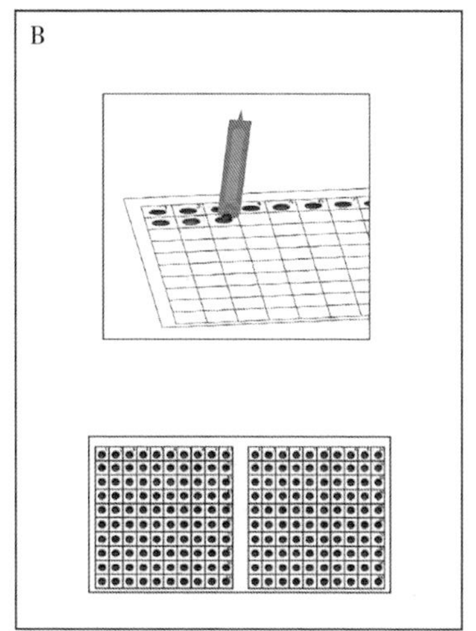

图 5-21　DIA 检测采血与加样

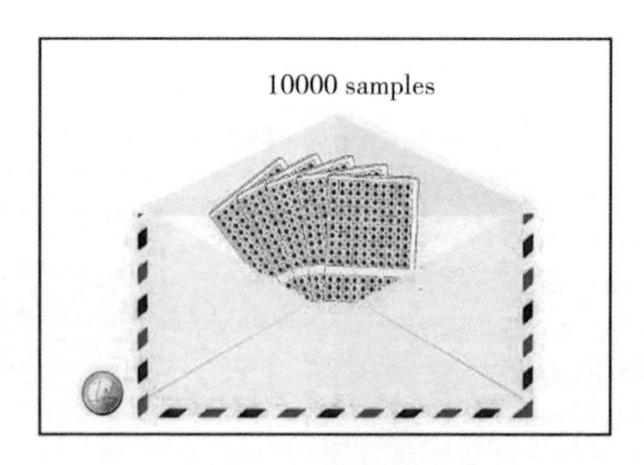

图 5-22　血样邮寄

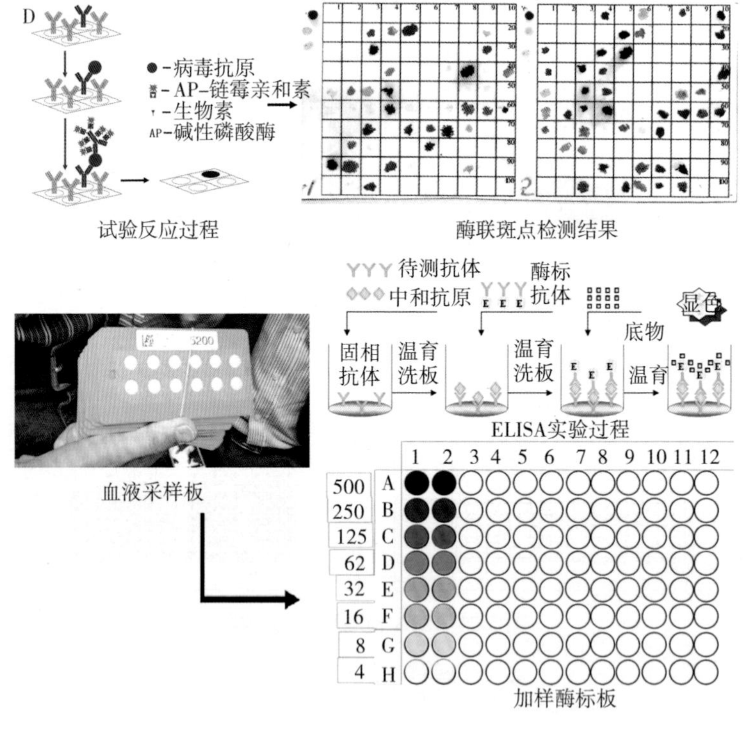

图 5-23　ELISA 采血及反应过程

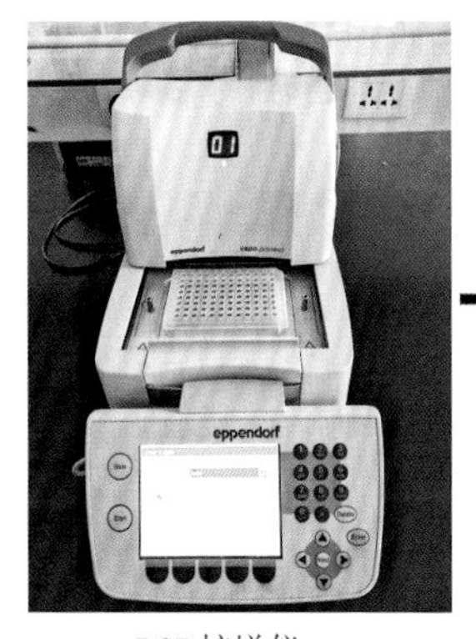

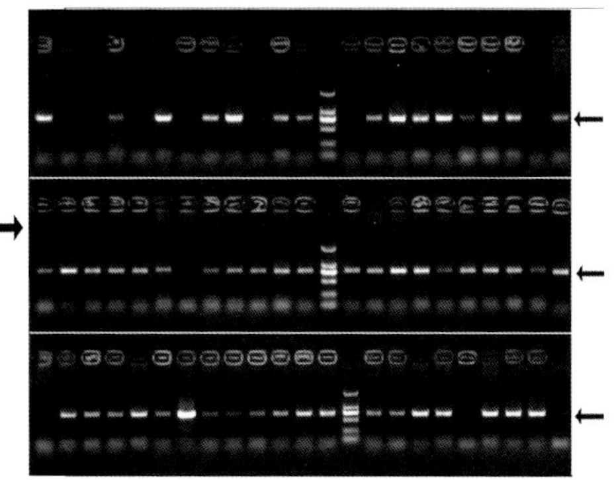

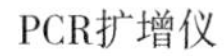

PCR扩增仪　　阿留申病毒PCR检测琼脂凝胶电泳结果

图 5-24　阿留申病毒 PCR 检测

三、抗体检测阳性水貂处理

取皮期的阿留申病抗体阳性水貂的处理应在远离饲养区的特定的区域进行处死、取皮和尸体焚烧。处理后要及时清理感染水貂的粪便，并采用火焰法对笼舍进行消毒；养殖场区针对有阿留申病毒的养殖场地和笼舍定期消毒以降低病毒传播，如使用 2% 火碱溶液或 5% 甲醛溶液喷洒地面；冬季用生石灰覆盖地面；清空的水貂栋舍采用福尔马林进行密封式熏蒸消毒。

在非取皮期，应及时移出感染的阳性水貂，并进行隔离饲养，直到取皮期再处理。建议感染率大于10%水貂饲养场进行清场处理，每年3次彻底消毒养殖场区，空置两年后，再引入净化种貂。

高感染率自繁自养水貂养殖场，可从抗体阳性水貂中选择外周血PCR病毒检测呈阴性水貂或血液中免疫复合物低值水貂留种，这些水貂为阿留申病抗性水貂或耐受水貂，它们无病症且产仔成活数高。在病毒污染貂场适时使用对症的抗病毒中药组方，能对阿留申病起到显著的预防治疗效果。

第八节　其他常见病

下列疫病只在某些地区常见，因其致病源仍不清楚，尚无疫苗用于预防，建议在这类疾病高发时期前，根据发病原因积极采取措施开展预防性治疗。

一、水貂黏仔病

该病发生在哺乳期1～4周龄仔貂，呈现症状为乳样腹泻，颈背皮脂腺分泌大量黏液，腹胀气，肛门红肿，同窝易感染，传染性强，该病与星状病毒感染相关。黏仔病应从改善饲料营养入手，以达到预防效果。高脂肪、高灰分饲料会刺激肠道蠕动加快，易引起仔貂腹泻从而诱发黏仔病，所以采用高蛋白质低脂肪的饲料，控制饲粮的灰分含量，如饲喂鸡蛋应去壳后使用，可降低仔貂腹泻和黏仔病发生。母貂产仔后一周，在饲料中添加益生菌或益生素，能够更有效降低仔貂腹泻和黏仔病发生。

二、水貂震颤综合征

水貂患病后出现头部摇晃、全身肌肉震颤、共济失调等症状，后期发展为后肢麻痹，病貂因无法进食快速消瘦直至死亡。病程一般持续一周，主要发生在7—9月，传染性强，注意应与貂高温急性大批出现的中暑区分。病貂剖检可见非脓性脑出血，脑组织病样可检测到水貂阿留申病毒、水貂嗜神经星状病毒，为病毒感染疫病。群体发病后治疗困难，抗生素治疗无效，于7月初用平息肝风抗病毒中药组方预防，能够有效降低该病的发生率。

三、秋冬换季腹泻

秋冬过渡期气温骤降易诱发腹泻，貂群初期大范围水样腹泻，当年貂会迁延1～2周，经产貂症状轻很快康复；当年貂施用抗生素有改善，但停药后又有反复。该病为冷应激诱发的水貂病毒和细菌混合感染导致，在秋冬换季时期可使用温中散寒中药组方拌料投喂预防。

第六章

水貂粪污、屠宰胴体无害化处理

第一节　水貂的粪污处理及资源化利用

随着我国水貂养殖业快速发展，每年产生的粪污也大量增加。水貂每天的排粪尿量为 260 ～ 500 mL，上万只规模的水貂饲养场年排放污物量在 2.6 ～ 5.0 t。水貂饲养场的粪污若不经处理随意排放，会污染环境，破坏生态平衡，从而威胁到人类健康。

一、国外粪污处理模式

目前，在北欧和北美等国家广泛应用半自动（图 6–1）或全自动刮粪设备（图 6–2），是在水貂笼子的底部安置排粪槽，并通过管道（图 6–3）与粪污收集设备（图 6–4）相连接，水貂的粪便会自动流入化粪池进行处理。

自 2000 年起，丹麦政府为了确保水质不受污染，开始对各类农业粪污、屠宰场废弃物、工业废水进行处理，兴建了大量的沼气发电站等生物能源工厂（图 6–5）。其中，沼气生产来源主要是家畜及毛皮动物的废弃物和粪便。动物粪便、副产品、能源农作物经过卡车和管道进入发酵罐体后，产生发酵液、沼气、电能和热能。

图 6-1　半自动刮粪设备

图 6-2　全自动刮粪设备

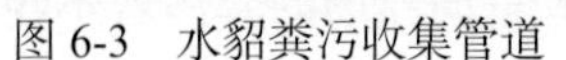

图 6-3　水貂粪污收集管道

图 6-4　水貂粪污收集罐

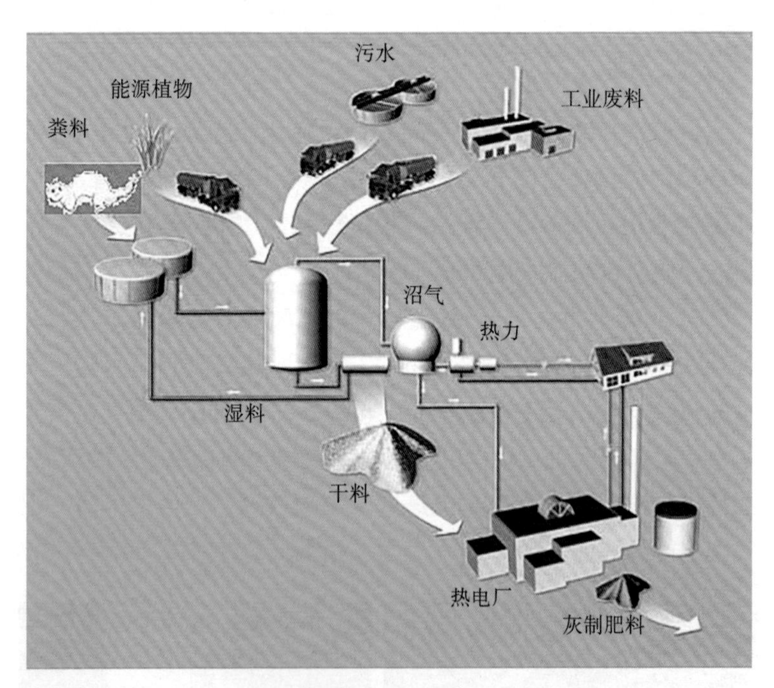

图 6-5　丹麦生物能源、沼气工厂示意图

二、我国粪污处理模式

我国水貂饲养场粪污处理和利用处于起步阶段，未形成示

范效应。养殖场在建场初期有环评要求，但是没有一个统一的标准和规范，造成各地区粪污处理方式五花八门，形式多于内容。另外，有些养殖场还存在规划布局不合理，没有结合场区所在地理特点对排水渠和排污管道进行合理设计，导致粪污随意堆放或污水横流的现象。

我国水貂饲养场的粪污处理有两种方法：一种是达标排放，即把粪污经过污水处理站，利用物理、化学和生物方法处理后达标排放；另一种是资源化利用，即把粪污作为资源通过一定的技术手段加以利用，主要包括肥料化、饲料化、能源化和种养结合。

（一）肥料化利用

水貂粪便中含有丰富的有机物和营养元素。据报道，水貂粪便干物质中含蛋白质 22%、非蛋白氮 5%、磷 2.5%、钾 0.5%，这些都能为作物提供生长所需的营养，增加土地有机质含量，是优质的有机肥来源。利用粪尿储存罐（图 6–6）、地上或半地下堆肥装置（图 6–7、图 6–8）生产有机肥，是将貂粪、秸秆和菌种混合后，利用堆肥组件系统并配合铲车移库（图 6–9）来改善堆体的好氧状态，通过堆体内微生物繁殖使物料升温腐熟后达到无害化处理标准要求，进一步生产高品质有机肥，工艺流程见图 6–10。

图 6-6　粪尿储存罐

图 6-7　地上堆肥装置

图 6-8　半地下堆肥装置

图 6-9　铲车移库

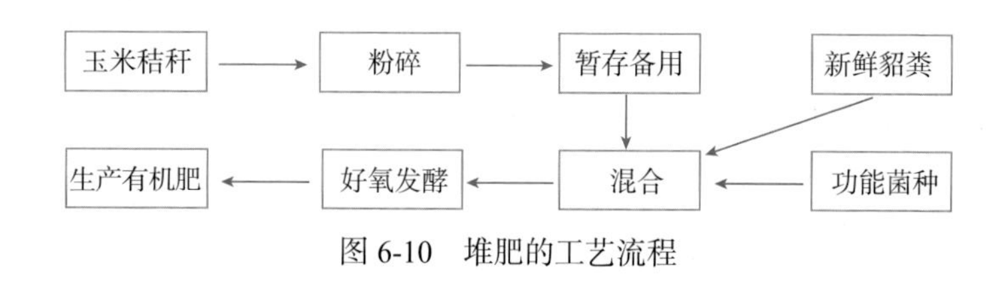

图 6-10　堆肥的工艺流程

（二）饲料化利用

水貂肠道短而细，空肠和回肠总长度为 110 ～ 147 cm，食物在肠道中消化过程非常迅速，部分饲料未被水貂完全消化吸收，就随着粪便排出体外。粪便中还含有维生素、蛋白质、粗脂肪、矿物质等营养物质，因此，畜禽粪便可经过处理后作为动物饲料加以利用，即饲料化利用，如用于养殖黄粉虫、蝇蛆、蚯蚓等。目前研究最多的是将蚯蚓引入粪便，一般要先对水貂的粪便进行清洗处理（图 6–11），沤肥 1 ～ 2 周后再放入蚯蚓（图 6–12）。

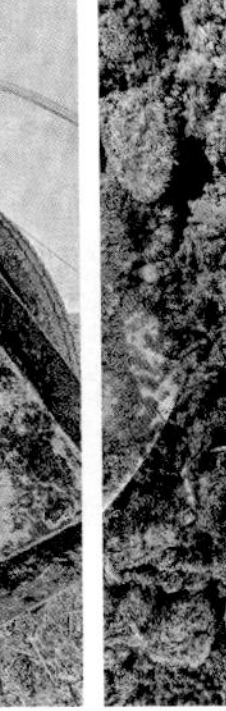

图 6-11 清水处理貂粪

图 6-12 利用蚯蚓处理粪便

（三）能源化利用

畜禽粪污可经过一定的技术手段“变废为宝”，可节约不可再生资源的消耗，带来一定的经济价值，减少养殖成本，即能源化利用。水貂粪污能源化利用主要包括燃料燃烧和发酵生产沼气。燃料燃烧是将纤维素含量高的畜禽粪便通过干燥进行处理。水貂的粪便中水分含量高，不容易干燥，须采用高温快速干燥的方法转化后才能用作燃料发电（图 6–13）。沼气是一种可再生能源，微生物在厌氧条件下分解粪污中的有机物可产生沼气，其成分主要是甲烷和二氧化碳。沼气发酵是我国目前使用较广泛的粪便处理方法之一。利用厌氧生物技术，通过配套相应设施，将养殖粪污快速制成以甲烷为主要成分的沼气，并通过合理配置沼气发电机组，将沼气转化为电能，产生的沼液和沼渣经过处理后作为有机肥还田（图 6–14）。

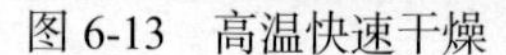

图 6-13　高温快速干燥

图 6-14　沼气装置

（四）种养结合利用

种养结合是指在一定土地管理区域内，养殖业产生的废弃物经过处理生产有机肥用于种植业，种植业产生的产品及废物为养殖业提供饲料，实现农业生产过程中物质和能量在动植物之间高效流动和科学转换，从而提高农业废弃物利用效率，遏制或减小农业活动对环境造成的污染，促进农业可持续发展的生态农业循环模式。目前种养结合模式主要有养殖－贮存－农田模式、养殖－沼气－农田模式和养殖－堆肥＋沼气－农田模式。

第二节　水貂的屠宰胴体无害化处理及资源化利用

水貂的皮张主要用于制作裘皮服饰，胴体（是指水貂取皮后的屠体去除头颅、内脏、爪、尾后的尸体）成为副产品，至今还未能全面开发利用。每年取皮季节大量水貂胴体的随意丢弃，既是对动物性原料资源的巨大浪费，也是对生态环境的极大破坏。2017 年，我国毛皮动物存栏量统计，年存栏水貂达 5 600 余万只、取皮后的胴体总量可达 6 万 t。

一、国外屠宰胴体处理模式

目前，北欧和北美主要养殖国家主要利用干化法将水貂胴体转变成蛋白固形物、可溶性脂肪和水。干化过程中可以得到提取高质量的蛋白质和脂肪，并分离出游离脂肪酸。再应用催化剂将脂肪酸预酯化，最终生产出生物柴油、甘油和硫酸钾。提取后的副产品可以用于生产肉骨粉、宠物罐头、饲料或肥料，提出过程中产生的热量可用于集中供暖，产生的灰烬还可以生产水泥、混凝土和沥青等。

从 2012 年开始，欧洲大多数国家，强制要求将生物柴油与化石燃料混合使用，从而推动了生物柴油的使用。欧盟规定 5.75% 的生物柴油必须添加到化石燃料中（根据能源含量来衡量），并要求各国到 2025 年交通运输部门需使用 10% 的可再生能源（图 6–15）。现在，汽油已添加了 7% 的生物柴油和 5% 的乙醇（按体积计算）。另外，水貂的脂肪被收集起来制成貂油，用于防水和保护皮革，或者作为一种优良的润滑剂（图 6–16）。

图 6-15　使用生物柴油的公交车

图 6-16　水貂油化妆品和润滑剂

二、我国屠宰胴体处理模式

我国对毛皮动物胴体的开发利用较少，仅有貂油用于化妆品及美肤用品原料，貂心、貂鞭等可以入药。国内的毛皮动物养殖户大多数文化程度不高，环保安全意识较弱，造成大量毛皮动物屠宰胴体随意丢弃、乱埋等现象。有环保意识的养殖户多采用堆肥法和生物降价法。

堆肥法是微生物利用堆料中残存有机物的发酵作用产生的高温杀灭病原微生物并分解水貂胴体，将准备好的堆料（锯末、肥料、木屑、秸秆、干草等）铺撒到地上，铺撒面积由水貂胴体的数量来决定，然后直接覆盖，由此达到无害化处理的效果（图 6–17）。

生物降解法将水貂的胴体投入降解反应器中（图 6–18），利用微生物的发酵降解原理，将水貂的胴体破碎、降解、灭菌，其原理是利用生物热的方法将尸体发酵分解，以达到减量化、无害化处理的目的。生物降解是一种对动物尸体无害化处理的新型技术。

图 6-17　堆肥法

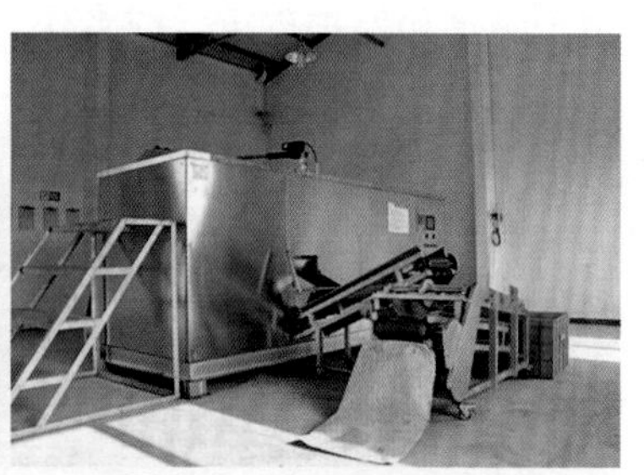
图 6-18　生物降解反应器

第七章

裘皮加工业及市场对水貂品种、品质的需求

第一节 裘皮加工业对水貂皮张的基本需求

由带毛鞣制而成的动物毛皮称之为“裘皮”，用作服饰材料。裘皮服饰在我国流行历史悠久，商代甲骨文中已有表现“裘之制毛在外”的象形字。水貂皮、狐皮和波斯羔皮被称为国际裘皮市场的“三大支柱”，而水貂皮是高档裘皮中使用最广泛、最华丽的裘皮，是所有短毛裘皮的代表。进入21世纪，国内裘皮加工业的兴起，使我国迅速成为世界最大的裘皮加工国，标有“中国制造”的裘皮服装，销往俄罗斯、美国、德国、意大利、韩国、日本等国。

一、裘皮加工业对水貂皮张的要求

水貂皮以其毛绒齐短、光亮华贵而著称，是裘皮加工业制作貂皮服饰的主要原材料，可制成貂皮大衣、披肩、围巾、衣领、袖口、帽子、手套等（图7–1），需求量很大。除此之外，也可制成各种款式精美的装饰品，如发圈、钥匙扣（图7–2）、玩偶（图7–3）、箱包（图7–4）等。裘皮服装的生产，原材料是关键。裘皮加工业对水貂皮品质要求体现在皮型完整，毛绒平齐、灵活，底绒丰满，针毛细短，色泽纯正、光亮，背腹毛一致，针绒毛长度比例适中，针毛覆盖绒毛良好，皮板质好，呈乳白色，无伤残。

A. 大衣　B. 坎肩　C. 衣领和袖口　D. 帽子

图 7-1　貂皮服饰品

图 7-2　貂皮钥匙扣

图 7-3　貂皮玩偶

图 7-4　貂皮箱包

二、消费者对裘皮服装的要求

近年来，随着我国社会经济的飞速发展，人民生活水平的日益提高，人们对毛皮的需求越来越多，裘皮市场消费结构也发生了较大变化。过去裘皮属于“贵族”所享受的奢侈品，但现在裘皮的“平民化”也渐成趋势，裘皮已进入寻常百姓家，裘皮“高高在上”与“平民化”是多层次消费的两大主流，有力地证明了裘皮产品消费结构的新变化。从时下裘皮产品的流行趋势来看，流行短毛、剪绒和拔针的皮大衣，裘皮服装颜色流行趋势是浅色，在新款式、新工艺不断出现的同时，与其呼应的“艺术裘皮”迅速占领消费市场。“裘皮玩具”“裘皮家具”等新商品的出现把裘皮的价值推向了新的领域。

哥本哈根皮草相关人士认为，目前，消费者非常看重裘皮服装的款式、质量和品牌效益，这也使零售终端的竞争更加激烈，对商家的零售服务也提出了更多的要求，急需进行商业模式调整，以适应当前的市场。

三、未来裘皮加工业及市场需求的发展趋势

人们在应用裘皮的过程中，发明了许多整理技术与加工方法，使裘皮的使用价值得以充分体现。毛皮染色技术的发展总体上受两个方面的影响：一是时尚方面的要求；二是毛皮本身同其他面料相比所特有的平、立面两重性。二者将相互结合，相互促进，使毛皮染色技术随科学技术的进步而不断发展提高。裘皮染色不仅可以仿制较珍贵的兽皮品种，同时还可以提高和矫正珍贵毛皮的自然色调，克服毛被原色中的色斑、色杂、无光泽等缺点，提高商品的价值和档次。

随着裘皮加工技术的不断进步，裘皮加工业有了较大发展。裘皮制品也由原来的防寒服装，趋于高档时装以及高档服装装饰，裘皮制品已逐渐进入人们的日常生活。名贵的水貂皮也开始用于室内、汽车的装饰品。近十几年来，琳琅满目的裘皮制品逐渐进入市场，我国正逐步成为世界最大的裘皮制品消费国。

第二节　主要养殖的水貂品种

我国水貂饲养业始于1956年，经过半个多世纪的发展，根据我国的国情和国际裘皮市场的需要，中国农业科学院特产研究所联合国内大型水貂饲养场，已培育出金州黑色标准水貂、明华黑色水貂和名威银蓝水貂品种。国内培育的水貂品种既能适应我国自然环境、气候条件和饲养条件，又能综合和保持原有品种的优良特性。目前，水貂新品种的标准是毛绒品质优良、体型大、繁殖力高、抗病力强，国内饲养量较多的主要有红眼

白水貂、银蓝水貂、咖啡水貂、短毛黑色水貂和米黄色水貂等。

一、红眼白水貂

（一）体型外貌

红眼白水貂（图 7–5）背腹毛呈一致白色，外表洁净、美观。公貂头圆大、略呈方形，母貂头纤秀、略圆。嘴略钝，眼睛呈粉红色，体躯粗大而长。国内红眼白水貂多为引进品种，公貂体重（2.216± 0.17）kg、母貂（1.138±0.11）kg；公貂体长（45.80 ±1.89）cm、母貂（37.57 ±1.83）cm。

图 7-5　红眼白水貂

（二）毛绒品质

图 7-6　鞣制后的红眼白水貂皮

红眼白水貂皮张（图 7–6）毛色均匀一致，被毛丰厚灵活，光泽较强，针毛平齐，分布均匀，毛峰挺直。

（三）繁殖性能

红眼白水貂 9 ～ 10 月龄达性成熟，公貂 11 月下旬至翌年 1 月中旬进入初情期，母貂初情期为 1 月末至 2 月末。种公貂利用率 88.2%，母貂受胎率 89.8%，平均窝产仔数 6.12 只，群产仔数 5.97

只，群平均成活 4.58 只。妊娠期平均（47±3）d，最短 37 d，最长 70 d。种用年限 3 ～ 4 年。

（四）品种评价

红眼白水貂具有被毛洁白、美观、繁殖力高、适应性广的特点，还具有耐粗饲、饲料利用率高等特性，适合我国北方广大地区推广饲养。红眼白水貂毛色外貌特征明显，遗传性能稳定，其皮张可以根据不同需要，染成各种颜色，深受国内外市场欢迎。

二、银蓝水貂

（一）外貌特征

银蓝水貂（图 7–7）头稍宽大、呈楔形，嘴略钝，体躯粗大而长，全身被毛呈金属灰色，背腹毛色趋于一致，底绒呈淡灰色。针毛平齐，光亮灵活，绒毛丰厚，柔软致密。国内银蓝水貂品种，公貂体重（2.25±0.17）kg、母貂（1.10±0.11）kg；公貂体长（45.80 ±1.89）cm、母貂（38.60 ±1.83）cm。

图 7-7　银蓝水貂

（二）毛绒品质

图 7-8　鞣制后的银蓝水貂皮

银蓝水貂皮（图 7–8）全身毛色基本一致，针毛密短而直，分布较均匀，绒毛密、呈淡灰色。针毛长 21 ～ 23 mm，绒毛长 13 ～ 15 mm，针、绒比例 1 : 0.64 左右。一般 11 月下旬或 12 月初毛皮成熟，皮板洁白，板质良好。

（三）繁殖性能

公貂利用率（参加配种率）达 97.0%，当年公貂利用率 90% 左右。母貂受配率 97.0% ～ 99.0%，受胎率 83.5% ～ 88.0%，平均窝产仔数 5.5 ～ 6.6 只，群平均成活 5.2 ～ 5.8 只，繁殖成活率 88.8% 以上。

（四）品种评价

银蓝水貂具有体型大、结构匀称、繁殖力高、耐粗饲、抗病力强、适应我国气候条件和饲料条件的特性，可作为水貂杂交育种的重要亲本材料。

三、咖啡水貂

（一）外貌特征

咖啡水貂（图 7–9）头较粗犷而方正，母貂头小而纤秀、略呈三角形。颈短、粗、圆，肩、胸部略宽，背腰略呈弧形，后躯丰满、匀称，腹部略垂，体躯粗而长。国内咖啡水貂品种，公貂体重（2.44±0.21）kg、母貂（1.21±0.22）kg；公貂体长（47.90±1.70）cm、母貂（39.40±1.70）cm。

图 7-9 咖啡水貂

（二）毛绒品质

该品种毛色在暗环境下与标准黑水貂颜色相近，但光亮环境下针毛呈黑褐色，绒毛呈深咖啡色，且毛色随着光照角度和光照强度发生变化，针毛短，其毛皮属国际毛皮市场流行色（图 7–10）。貂皮质量优良，具有针毛短、细、密、齐，底绒厚、密的特点，是裘皮服装加工的绝佳材料。

（三）繁殖性能

咖啡水貂 9 ～ 10 月龄达到性成熟，公貂利用率（参加配种率）94.6%，母貂受配率 98.5% ～ 99.0%，受胎率 83.2% ～ 87.5%，平均窝产仔数 5.78 ～ 6.11 只，群平均成活 4.03 ～ 4.56 只，仔貂成活率 83.8% ～ 86.0%。

（四）品种评价

咖啡水貂具有体型大、结构匀称、繁殖力高、抗病力强、饲料利用率高、生长发育快、适应我国气候条件和饲料条件等优良特性。由于繁殖力高、适应性强，可作为水貂新品种选育的重要亲本。棕色皮张，除了本身颜色外，还适合染一些深色特别是黑色，适合中国市场的染黑使用，以及中等偏深的染色使用。

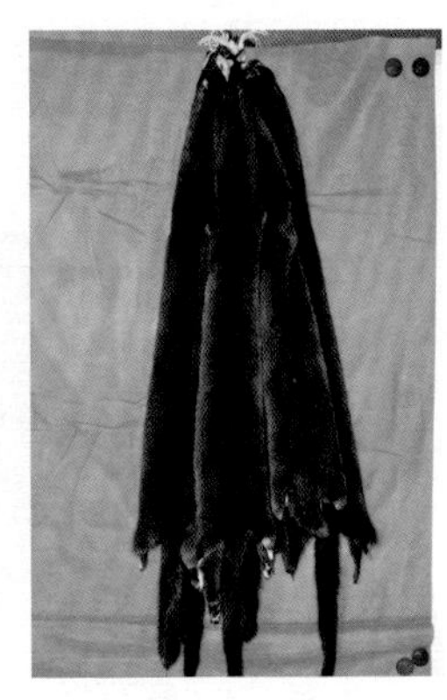
图 7-10 鞣制后的咖啡水貂皮

四、短毛黑色水貂

（一）外貌特征

短毛黑色水貂（图 7–11）全身毛色深黑，背腹毛色趋于一致，针、绒毛比例适宜，底绒呈深褐色，下颌无白斑，全身无杂毛。针毛平齐，光亮灵活，绒毛丰厚，柔软致密。国内短毛黑色水貂品种，公貂体重（2.48±0.32）kg、母貂（1.26±0.21）kg；公貂体长（48.50±1.20）cm、母貂（40.00±1.3）cm。

图 7-11 短毛黑色水貂

（二）毛绒品质

冬季毛皮11月下旬至12月上旬成熟。公貂针毛长度为（19.2±0.5）mm，绒毛长度（13.5±0.5）mm，针毛细度19～20 μm，毛密度2.0万～2.3万根/cm²；母貂针毛长度为（17.8±0.4）mm，绒毛长度（12.5±0.4）mm，针毛细度14～16 μm，毛密度1.9万～2.2万根/cm²。短毛黑水貂针毛长度适宜平齐、绒毛丰满、致密，背腹毛长趋于一致，是毛绒品质最好的品种之一（图7–12）。

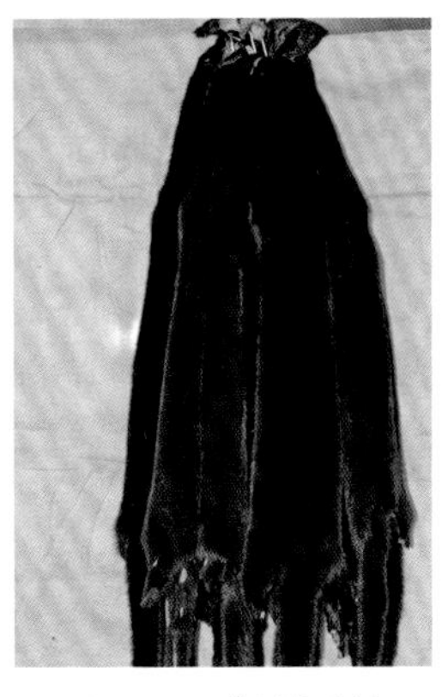

图7-12 鞣制后的短毛黑色水貂皮

（三）繁殖性能

短毛黑色水貂9～11月龄性成熟，每年2月末至3月初为发情配种期。母貂妊娠期为（47±2）d，平均窝产仔数（5.6±0.3）只，种用年限3年。

（四）品种评价

短毛黑水貂有针毛长度适宜而平齐，绒毛丰满、长而致密，背腹部毛长趋于一致，体型较大，是毛绒品质最好的品种之一。但其存在对饲料条件要求高、产仔数较少等不足，很多饲养场引种后出现退化现象。国内一些饲养场利用短毛黑水貂改良原有品种的毛绒品质，取得了很好的效果。也有一些养殖场开展短毛黑水貂的纯种繁育，选育适合我国饲养条件的短毛黑水貂品种，取得了较大的进展。短毛黑水貂是一个很好的育种亲本材料。

五、米黄色水貂

（一）外貌特征

米黄色水貂（图 7–13）被毛呈淡黄色，个别个体毛色较浅，呈奶油色，尾部毛色稍深一些。头圆长，嘴略尖。眼睛棕黄色较多，个别呈粉红色。国内米黄色水貂品种，公貂体重（2.56±0.22）kg、母貂（1.11±0.12）kg；公貂体长（46.60±1.80）cm、母貂（38.20 ±1.8）cm。

（二）毛绒品质

冬季毛皮（图 7–14）11 月下旬至 12 月上旬成熟。公貂针毛长度为（24.5±0.9）mm，绒毛长度（13.6±1.1）mm，针毛细度 20 ～ 23 μm，毛密度 1.4 万～ 1.6 万根 /cm^2；母貂针毛长度为（20.9±1.4）mm，绒毛长度（9.4±0.8）mm，针毛细度 14 ～ 16 μm，毛密度 1.2 万～ 1.5 万根 /cm^2。米黄色水貂的毛被多呈黄色，少数带有乳油色调，背部和腹部毛色差较大，具有良好的光泽，针毛分布较均匀，绒毛呈淡黄白色。

图 7-13　米黄色水貂

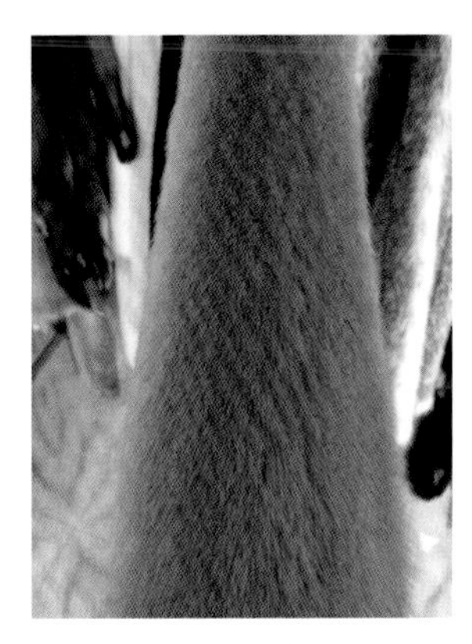

图 7-14　鞣制后的米黄色水貂皮

（三）繁殖性能

米黄色水貂 9 ～ 10 月龄性成熟，每年 2 月末至 3 月初为发情配种期。母貂产仔率 87.35%，平均窝产仔数 6.59 只，群平均成活数 4.82 只。种用年限 3 ～ 4 年。

（四）品种评价

米黄色水貂在彩色水貂中属于生命力较强、繁殖力较高、适应性较强的品种。但其存在毛绒色泽差异较大，给商品配色或服装加工带来一定的困难。今后应注意米黄色水貂毛色的选育，使被毛色泽趋于一致，同时制定米黄色水貂毛色分级、分等标准，以促进米黄色水貂生产。

第八章

现代化水貂皮张产品加工

第一节 水貂皮张初加工

水貂皮是珍贵的小毛细皮，因此在皮张加工时要求极为严格，必须认真按照流程精心操作。水貂皮初加工的流程如图 8–1 所示。

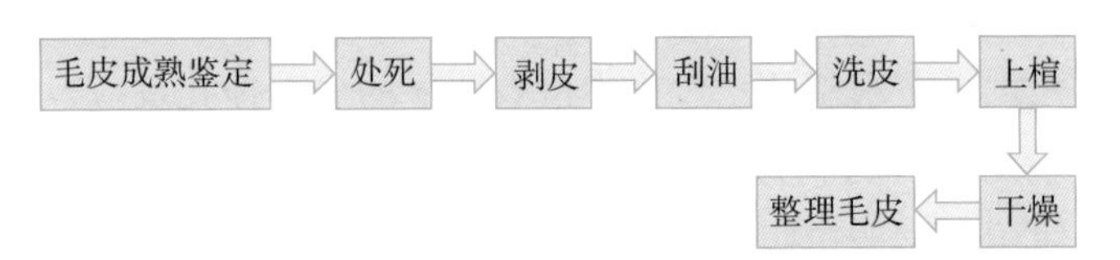

图 8-1 水貂皮初加工流程

一、毛皮成熟鉴定

水貂取皮时间根据毛皮成熟情况而定。成熟的毛皮应是夏毛脱净，冬毛换齐，针毛直立且光亮，底绒丰厚。当水貂转身时，可以看到明显的“裂缝”（图 8–2）。用嘴吹开绒毛时，皮肤呈现淡粉红色。试剥时，躯干皮板洁白，臀部和尾部无黑色素沉积即可剥皮（图 8–3）。

图 8-2 毛皮成熟的水貂个体

图 8-3 试剥水貂皮板

二、处死

根据动物福利要求，对水貂处死时应尽量减少动物的痛苦，禁止野蛮屠宰和活剥皮，并且不损伤皮肤及毛被，无淤血，不污染环境。目前，水貂养殖场多采用窒息法处死，即利用处死车（图 8–4）发动机产生的废气（CO、CO_2、碳氢化合物、氮氧化合物、铅及硫氧化合物等），投入箱内的水貂短时间内昏睡并死亡。在水貂死亡过程中没有明显的痛苦挣扎反应，达到了安乐死的目的。另外，少量养殖场还使用药物处死的方法，普遍使用氯化琥珀胆碱（司克林、琥珀司克林）注射致死（图 8–5）。氯化琥珀胆碱是一种肌肉松弛剂，通过神经传导阻滞，使肌肉收缩失调，一定剂量可使呼吸肌麻痹造成窒息死亡。

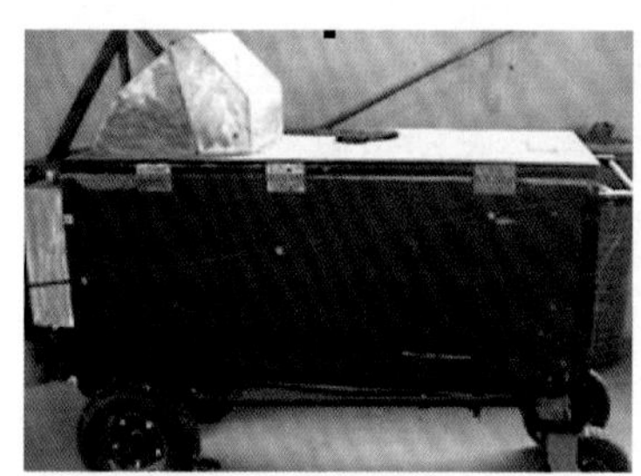

图 8-4　杀貂车

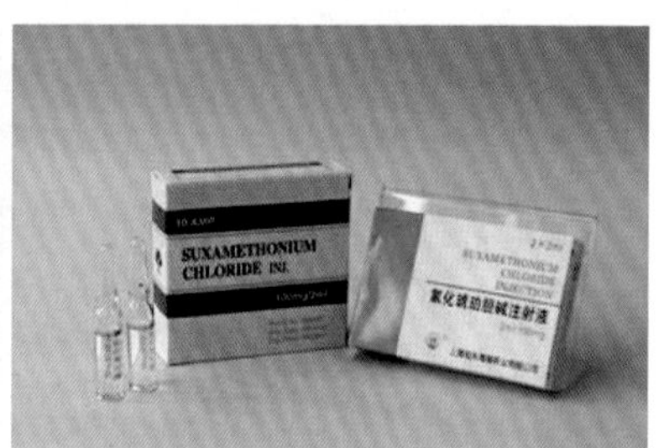

图 8-5　氯化琥珀胆碱

图 8-6　水貂尸体晾晒架

处死后，要将水貂尸体摆放在晾晒架（图 8–6）上，迅速冷却。冷却的过程可以避免身体过多的脱毛。随着农场规模变大，冷却工作量也随之增大。养殖企业如果需要将动物运往专门的剥皮机构，需要充分地冷却动物。

三、剥皮

1. 剪断前、后爪

水貂的前、后爪在皮张上没有用途且影响四肢剥离和刮油的工作，通常在取皮前用剪刀在腕关节处剪断前、后爪。

2. 挑裆

挑裆是剥皮的重要步骤。手动挑裆是将左、右后爪固定，用挑刀先从掌部下刀，沿着背腹毛的分界线通过三角区（肛门及母貂外阴）前缘挑到对侧（图 8–7）。然后用挑刀从尾根分别沿三角区两侧挑到后裆线，使三角区和皮肤分离（图 8–8）。这两步切割十分重要，不仅决定最终皮张的面积，也为随后的剥皮过程做好准备。

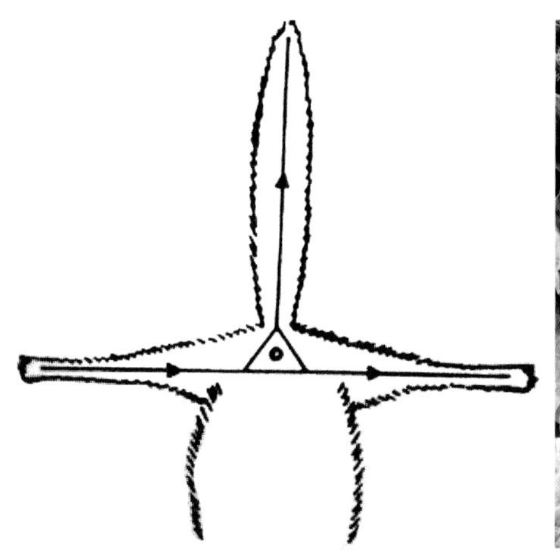

图 8-7 取皮剥开后裆的三角区域

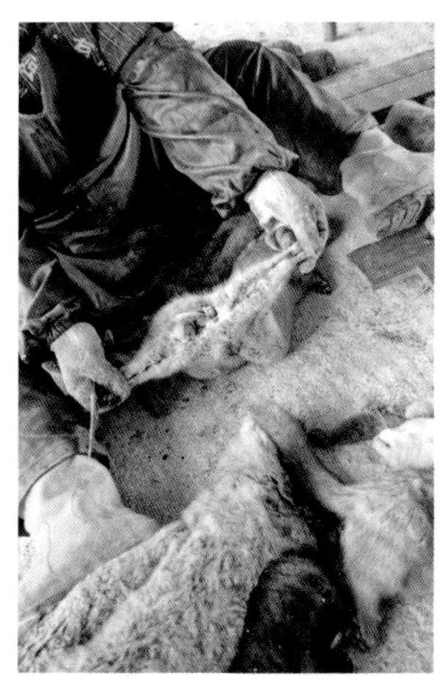

图 8-8 手动开裆

现在，这两步切割工作都可由机器辅助完成，工作人员只需要将水貂固定在全自动剥皮设备上（图 8–9），由激光刀具完成切割（图 8–10）。

图 8-9　全自动剥皮设备

图 8-10　全自动扒皮设备进行开裆

3. 剥离后肢和尾骨

将水貂后肢固定在剥皮设备上（图 8–11），然后用力快速猛拉，即可将后肢的皮肤和肉分离。将尾根固定于设备上，用激光刀具沿尾部切开，便可抽出尾骨（图 8–12），剥离后的尾呈管状。

图 8-11　剥离后肢设备

图 8-12　剥离完后肢和尾部

4. 前肢及头部剥离

图 8-13　剥离前肢和头部

后肢和尾部切割完成后，将前肢和头部的皮张从身体上剥离（图 8-13）。当剥离到耳朵部位时，要用刀进行切割，避免用力过大形成空洞。然后要对眼睛、嘴唇和鼻子部位进行切割，考虑到随后的拉伸工作，要尽量不对嘴唇和鼻子部位的皮肤造成损伤。

四、刮油

刮油即将皮下脂肪，肌肉及结缔组织从皮板上去掉。全自动刮油机（图 8-14）可以根据皮张尺寸精确地调整机器，并且在刮肉叶轮上配备减震器，刮油、去肉时更加温和，去肉效果更加明显。刮油后皮板的清洁程度将决定皮张的保存时间和效果。进行硝染时，残留脂肪的皮板面将有氧化（脂肪因氧化而腐烂）和油板的风险。这些问题都会影响皮张的价值，并且不利于后续的硝染工作。

图 8-14　全自动刮油机

在刮油、清理皮板和毛面时需要大量的木屑，有助于保持皮板、毛面干燥和清洁的作用。目前，广泛使用的木屑加热器（图 8-15）容量更大，操作更加快速，加热时间更短。另外，在刮油过程中可以利用吸油泵（图 8–16）将脂肪通过软管抽送到外部容器内。

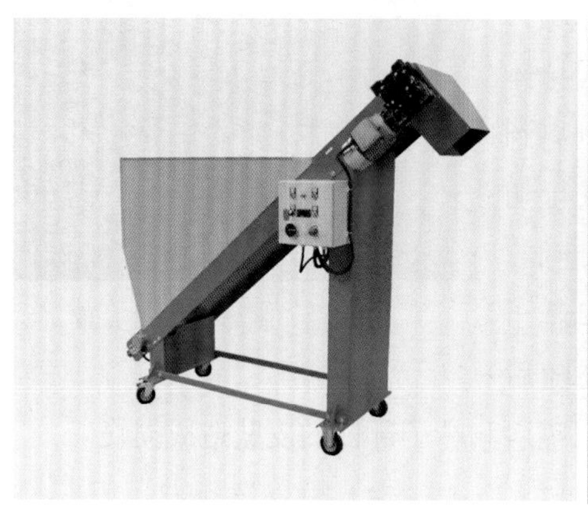

图 8-15　木屑加热器

图 8-16　吸油泵

皮张刮完油后（图 8–17）可以进行冷冻处理。在冷冻前需要对皮张上的脏物进行清扫。刮完油后立即冷冻的皮板有可能会出现风干现象。工作人员在冷冻时需要小心处理，可将干报纸垫在袋子里。鲜皮板的解冻也应该在密封的袋子里进行（图 8–18）。

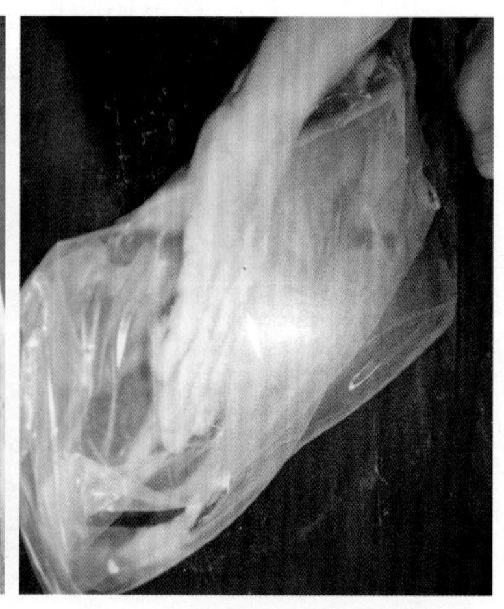

图 8-17　刮油后皮张

图 8-18　皮张进行密封和冷冻

五、洗皮

洗皮是通过滚筒（图 8–19）清洗皮板和毛被上的油污，使皮板清洁，毛绒洁净、灵活、光亮。剥皮或处死后应立即检查皮张的情况，包括皮张光泽、粪污以及损伤等。如果有类似皮张，要立即进行清洗。清洗不能弥补所有的缺陷，但能使它们最小化。清洗时必须要用热水，不能添加任何发蓝的添加剂。清洗后，悬挂晾干，然后滚筒干燥。

图 8-19　用于洗皮的滚筒

六、上楦

上楦是将皮板套于易脱板上，经过适当拉伸，然后固定的过程。洗皮后要及时上楦和干燥，其目的是使皮张按商品规格要求整形，防止干燥时因收缩和折皱而造成毛皮干燥不均、发霉、压折、掉毛和裂痕等损伤。上楦时要注意性别，分别用公、母专用易脱板上楦。

手动上楦法（图 8–20）是将洗好的皮板毛朝外套在易脱板上，然后分别固定背部、腹部和尾部。套皮时应将头部及两前肢拉正，再将两前腿翻入里侧，使露出的腿和全身毛面平齐；固定背部将两耳拉平，尽量拉长头部，再拉臀部，尽量使皮拉长到接近的档级刻度（但不要过分，以免毛稀板薄）。固定腹部将腹部拉平，使之与背面长度平齐，展宽两后肢板面，使两腿平直紧靠。固定尾部，两手按住尾部，从尾根开始横向抻展，尾部皮板拉直、展平后固定。

机器上楦法是将洗皮后的皮张放置在全自动拉伸机（图8–21）上，拉伸机根据皮张的长度，自动调整拉伸的力量和节奏。拉伸后水貂皮张眼睛和耳朵居于一侧，后背和腹部沿拉伸线均匀向下拉伸（图 8–22）。在拉伸过程中，必须正确固定皮张的位置，这样在干燥过程中才不能回缩。拉伸结束后，可以在皮张晾晒前在毛面上喷一些水，然后放置于包装袋中。

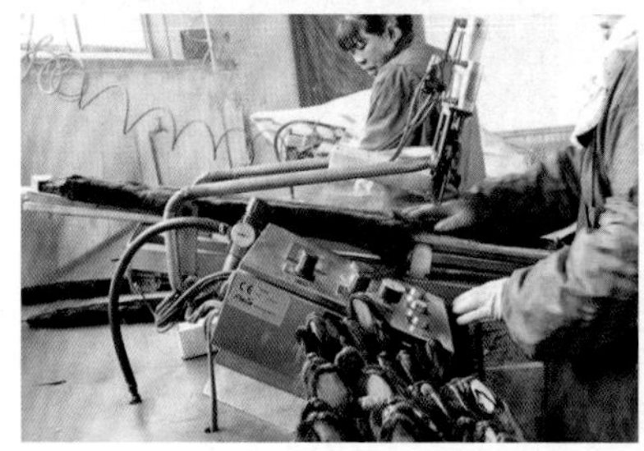

图 8-20　皮张进行手动拉伸

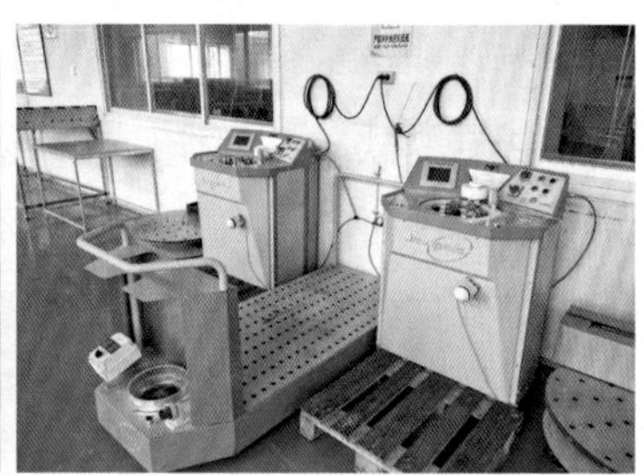

图 8-21　皮张拉伸机

图 8-22　皮张向下拉伸

七、干燥

鲜皮含水量过高，容易出现腐烂或闷板的现象，因此鲜皮需要进行干燥处理。以前的干燥系统，气体是朝向皮张的底部进行吹风（图 8–23）。干燥室内的温度为 18 ～ 20℃，湿度为 55%。公貂皮干燥时间为 3.5 ～ 4 d，母貂皮为 2 ～ 3 d。新的干燥系统（图 8–24），气体是从下往上沿着皮张吹风。干燥时间分别为：公貂皮 70 ～ 75 h，母貂皮 45 ～ 50 h。随着皮张面积的增大，空气量也要随之增加。干燥是为了将皮张上的水分吹走，因此干燥室内水分的排出就显得尤其重要。为了保证空气流通效果，必须要用减湿器或干燥机。为了使皮张干燥室（图 8–25）的空气在每个位置都十分均匀，需要一台空气循环机进行调节（图 8–26）。

图 8-23　以前的干燥方法

图 8-24　目前应用的干燥方法

图 8-25　皮张干燥室

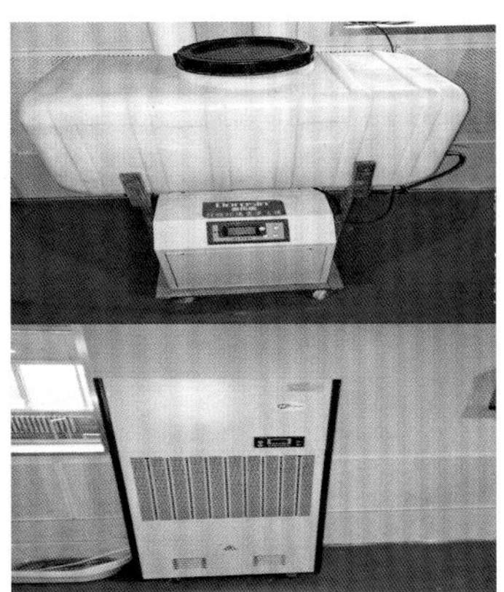

图 8-26　干燥温度、温度调节器

图 8-27　干燥后皮板

皮张彻底干燥十分重要，将有利于下一步的保存工作。工作人员应该准确判断皮张是否完全干燥，干燥过快会让皮张很干，并且不柔软。另外，干燥过快容易在皮张内存有水分，不利于保存。干燥好的貂皮（图 8–27）手感轻柔，抖动时发出“噼啪”的响声，如有的皮张发软（特别是颈部），应将其重新上到干燥的易脱板上再风干。干燥皮张时要避免高温（严禁超过 28℃）或强烈日光照射，更不能让皮张靠近火炉等热源，以防皮板胶化而影响其利用价值。

第二节　水貂皮张分等分级标准

一、我国现行的水貂皮张分等、分级标准

目前，我国水貂皮张验质、分级都是按照国家标准《裘皮 水貂皮》（GB/T 14789—93）执行，规格及标准如下。

表 8–1　水貂皮品质等级标准

级别	品质要求
一级	正季节皮，皮形完整，毛绒平齐，灵活，毛色纯正，光亮，背腹基本一致，针绒毛长度比例适中，针毛覆盖绒毛好，板质良好，无伤残； 正季节皮，皮形完整，毛绒品质和板质略差于一级皮标准，或具有一级皮质量，可带下列伤残、缺陷之一者

续表

级别	品质要求
二级	1. 针毛轻微勾曲或加工撑拉过大； 2. 自咬伤、擦伤、小疤痕、破洞或白撮毛集中一处，面积不超过 2 cm^2； 3. 皮身有破口，总长度不超过 2 cm； 正季节皮，皮形较完整，毛绒品质和板质略差于二级皮标准；或具有二级皮质量，可带下列伤残、缺陷之一者
三级	1. 毛锋勾曲较重或严重撑拉过大； 2. 自咬伤、擦伤、小疤痕、破洞或白撮毛集中一处，面积不超过 3 cm^2； 3. 皮身有破口，总长度不超过 3 cm
等外	不符合一、二、三级品质要求的皮（如受闷脱毛、流针飞绒、焦板皮、开片皮等）

注：彩貂皮（含十字貂皮）适用此品质要求

二、我国推荐的水貂皮张分等、分级标准

虽然我国已初步建立水貂皮张分等、分级标准体系，为产业发展提供了重要技术支撑。但现行标准体系仍不够完善，存在部分标准缺失、滞后、交叉重复现象，还不能全面适应近些年水貂体型和毛绒品质变化的市场需求。因此，可以借鉴国外经验结合国内养殖现状，推荐以下分等、分级标准。

分等、分级主要根据皮张的种类、尺寸、底绒色泽、针毛长度、底绒密度、光泽度及清晰度等质量参数进行分类。

1. 种类或颜色

皮张先按照水貂不同的颜色（图 8-28）、品种和性别进行分类。按照不同颜色将皮张分为 11 类。

图 8-28　皮张的颜色

①本黑：本黑水貂拥有手感绝佳的天然黑色针毛和

质地相称的底绒。

②马哈根尼：马哈根尼水貂拥有丰富的、深棕色的针毛和深棕色到咖啡色底绒。

③咖啡：咖啡水貂拥有咖啡色的针毛和深棕色到咖啡色底绒。

④帕斯条：帕斯条拥有浅褐色针毛和质地相称的底绒。

⑤铁灰：铁灰水貂深蓝色的针毛配以富有光泽、蓝色系的底绒。

⑥银蓝：银蓝水貂拥有灰蓝色的针毛和质地相称的底绒。

⑦蓝宝石：蓝宝石水貂拥有淡蓝色的针毛和质地相称的底绒。

⑧紫罗兰：紫罗兰水貂的针毛和绒毛的对比不是很明显，都呈浅紫色。

⑨米黄：米黄色水貂拥有奶油色的针毛和浅褐色的底绒，与帕斯条相比，米黄色水貂呈现橘黄色。

⑩珍珠：珍珠水貂拥有黄白色的针毛和质地相称的底绒。

⑪白色：白色水貂拥有明亮的白色针毛和质地相称的底绒。

2. 尺寸

皮张的尺寸是由水貂皮张的鼻尖到尾根的测量长度来决定的。通常按照下列标准尺寸来确定每张水貂皮的尺寸等级（表 8-2）。

表 8-2 皮张尺寸等级和对应的长度

尺寸等级	长度（cm）
000000	超过 107
00000	101 ～ 107
0000	95 ～ 101

续表

尺寸等级	长度（cm）
000	89 ～ 95
00	83 ～ 89
0	77 ～ 83
1	71 ～ 77
2	75 ～ 71
3	59 ～ 75
4	53 ～ 59
5	47 ～ 53

3. 色泽

每一种类的水貂皮都包含一个色泽范围，目前最先进的技术能够将所有色泽从深黑色到浅色区分辨出来（图 8–29，表 8–3）。

表 8–3　不同种类皮张的色泽

种类	色泽						
本黑	BLK	XXD	XD	DK			
马哈根尼	XXD	XD	DK	MED			
咖啡	XXD	XD	DK	MED	PL	XP	
帕斯条	XD	DK	MED	PL	XP	XXP	3XPL
银蓝	XXD	XD	DK	MED	PL	XP	
珍珠	MED	PL	XP	XXP	3XPL	4XP	

注：BLK：黑色；3XD：三加深色；XXD：二加深色；XD：一加深色；DK：深色；DBR：深咖色；MED：中色；PL：浅色；XP：一加浅色；XXP：二加浅色；3XP：三加浅色；4XP：四加浅色

图 8-29　皮张的色泽

4. 清晰度

每一张皮张底绒的色调也有一定范围。主要看皮张干净和被污染的程度，反映水貂整个生长和日常管理的状态。清晰度范围从清晰发蓝到发红。

超清晰 X ；清晰 0；蓝色 1 ；轻微发黄 2 ；黄色 3 ；红色 4。

5. 针毛

针毛的等级用来描述底绒上针毛长度。针毛长度决定着皮张的外观。较短针毛呈现出天鹅绒般的外观，较长针毛呈现出有光泽的外观。针毛等级标准随着皮张种类的不同而有所变化。水貂针毛长度可以分为 7 类（图 8–30）。

① Longnap：长针毛

② Classic：经典 / 标准

③ Velvet：天鹅绒（图 8–31）

④ Velvet1：天鹅绒 1

⑤ Velvet2：天鹅绒 2

⑥ Velvet3：天鹅绒 3

⑦ Woolet：底绒（几乎看不到针毛，针毛全部藏在绒毛内）

图 8-30　针毛长度

图 8-31　天鹅绒级水貂皮张

6. 质量

皮张质量是通过针毛和绒毛品质分成不同的等级（图 8–32）。底绒丰满、浓密。针毛丝滑、灵活、有弹性。针毛长度要超过底绒，并且透过针毛可以看到底绒。针毛长度和绒毛长度需要成一定比例。灵活是指皮张上的针毛细、直、长度一致。

①超白金皮：质地轻盈，质感丝滑，拥有超常华丽短俏的针毛和密实丰满的底绒。

②金牌皮：均匀的毛针和厚实丰满的底绒。相对超白金标准，底绒稍微稀疏一些。

③银牌皮：均匀整齐的毛针和饱满的底绒。相对金牌标准，背部、臀部的底绒略疏松，针毛整齐。

④铜牌皮：毛针和底绒和谐平衡。相对酒红标准，背部、臀部的底绒非常疏松，针毛杂乱。

⑤一级皮：皮张的针毛的数量较少且粗糙，底绒较空，针毛和底绒不够紧密和谐。

⑥二级皮：皮张的针毛稀疏，分布不均匀且粗糙；底绒不

足，针毛和底绒不如一级皮。

⑦三级皮：皮张主体部分伤残总共超过 2 cm，将被分入三级皮。这些皮张可以按照种类和伤残程度进一步分级。

⑧种貂皮：用于饲养配种的水貂，腹部有污点和结毛。这些水貂可以按照腹部和背部质量好坏来进一步分级。如果皮张伤残程度超过微残级别，将被分入三级皮。

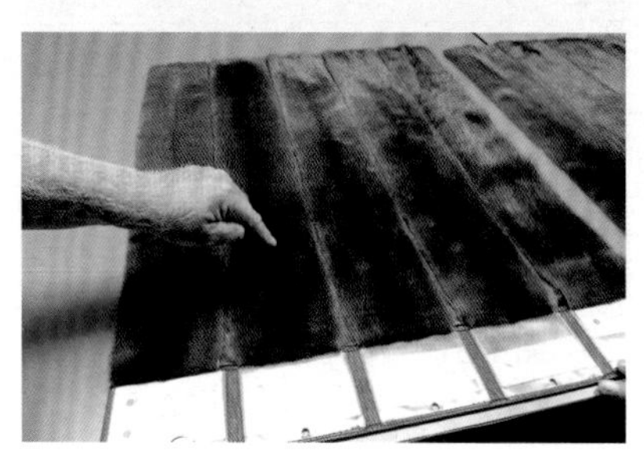

图 8-32　不同等级水貂皮张

⑨夏季皮：未到毛皮成熟的季节提前宰杀的皮张，即有问题的皮张、残皮。

第三节　水貂皮张的储存、包装与运输

图 8-33　季节皮的储存

一、水貂皮张的储存

生皮贮存时应尽量满足防虫蛀、防止鼠咬、防霉防腐、防氧化等条件。通常针对不同的需求，可以采用以下方法。

①季节皮短期贮存：季节皮在销售前短期贮存可以置于库房内临时贮存。库房要求通风透光，温度以不超过 25℃为宜，相

对湿度 70% ～ 75%，并设有防潮措施（图 8-33）。

②冷冻贮存：较长时间贮存可采用此法。将包装好的皮张放于冷库内，冷冻贮存，冷库温度应在 -20℃左右，可以安全贮存半年左右。冷冻贮存要注意防止鼠害，应置于铁箱内或悬挂高处。

③常温保存：没有上述条件的养殖户，采用室温保存。应选择阴凉通风的库房，仓库要求防潮隔热，相对湿度保持在 70% 左右，适宜温度 10℃，最高温度不超过 25℃，在皮板上撒防虫药物后，铺叠式或小包式堆好储存毛皮，要经常检查。

二、水貂皮张的包装

水貂皮张按等级进行包装，每 20 张为一捆。打捆时皮张应背对背，腹对腹，用线绳从貂皮的眼孔穿过。打捆后用纸箱作外包装，内衬防潮纸和包装卡片。包装卡片应注明皮张类型、等级、尺码和皮张数量（图 8-34、图 8-35）。

图 8-34　皮张的打包设备

图 8-35　皮张打包后准备运输

三、水貂皮张的运输

运输毛皮时尽量选择晴天，梅雨季节或阴雨天及雨雪天气都不适宜运输。凡需长途运输，必须检疫、消毒后方能运输，以防病菌传播。皮张装卸车时尽量保持库存时的原形，冻干皮张不宜重新折叠；搬运原料皮时，要抓捆皮绳，勿机械折断，也不应抓皮张四角搬运，以免撕破皮张。

第九章

水貂饲养场经营管理

第一节　饲养场制度建设

为了保证水貂饲养场饲养安全与质量，根据相关准则、规章和要求，制定出一系列饲养场的管理制度，主要包括：饲料管理制度、生产管理制度、技术管理制度、档案管理制度和饲料间管理制度等。

1. 饲料管理

在水貂的饲养中，饲料是关系生产成败的先决条件。水貂属于肉食性动物，决定它的饲料构成必须以肉食为主，在饲料的搭配和饲喂上要特别注意品质要新鲜，蛋白质、脂肪与碳水化合物三大营养物质的比例搭配必须合理，品种要相对稳定，要有较好的适口性，饲料的供给量要科学合理，要特别注意各种维生素和微量元素的供给。

2. 生产管理

除进行日常饲养管理工作之外，水貂饲养场每年要进行水貂的配种、产仔、取皮、血检、进出种貂、疫苗接种等生产活动。为确保这些工作有条不紊地进行，必须执行如下生产管理制度。

（1）每项重大生产活动之前，制定相应的工作方案，进行周密的组织安排，使大家明确各项活动的目的、意义、方法、步骤、技术要求和注意事项，以及每个参与者应尽的责任、义务等。

（2）各项活动之前都要进行技术培训，活动过程中进行现场指导，工作结束后进行总结、交流经验，从而逐年提高人员素质和工作质量。

（3）为了保证生产和种群的健康，严格执行饲料管理规程和卫生防疫规程，并采取相应的奖罚措施。

（4）为了掌握种群变动、饲料利用和生产质量情况，每月进行一次生产和病死情况的统计。

3. 技术管理

水貂的饲养技术属于应用科学范畴，它包括饲养管理技术（主要包括饲料配制、饲料加工、貂群管理等），繁殖育种技术（主要包括体况控制、发情鉴定、放对配种、妊娠期管理、产仔保洁、仔貂育成、选种选配、杂交改良、新品种培育、调整调拨种群、更新种群等），疫病防治技术（主要包括饲料、饲养用具及周边环境卫生，四大疾病的检验检疫和疫苗接种，普通疾病的预防和治疗），产品加工技术（毛皮的初加工技术包括毛皮成熟鉴定、处死、剥皮、刮油、洗皮、上楦、烘干、验质；毛皮的深加工技术包括鞣制、染色、配料、裁制、缝制、成衣）等方面，具有较高的科技含量。因此，必须结合生产实际，开展各种形式的科研和科技开发工作，解决生产实际中遇到的各种疑难问题，为企业的发展引入新技术，注入新的经济增长点。

4. 档案管理

为了便于随时了解饲养场生产情况，掌握第一手材料，做到心中有数；通过收集整理、归纳总结，可以透过现象看本质，了解水貂生长发育及繁殖的内在因素和规律性，掌握指导生产和科研的主动权。

（1）饲养管理方面

包括饲料计划、饲料配方、饲料增减量表、饲料费用统计表等。

（2）繁殖育种方面

包括系谱记录、放对计划表、生产登记表、配种记录、配种日报、配种进度表、产仔记录、产仔日报、产仔进度表、分窝记录、生产情况统计、体长、体重记录、貂群清点表等。

（3）疫病防控方面

包括发病记录、治疗记录、疫苗接种记录、水貂阿留申病检测结果统计等。

（4）生产管理方面

包括育种方案、配种方案、取皮方案、种群平衡方案、血检方案、疫苗接种方案、水貂皮张等级尺码统计表等。

第二节　水貂饲养场考核制度建设

水貂饲养场职工岗位主要有场长、生产队长、技术员、饲养员和饲料加工人员。各岗位职工责任如下。

1. 场长

组织全场劳动，保证饲料供给，制定劳动定额。在生产队长和技术员协助下，完成生产计划。

2. 生产队长

监督饲料出库、称重和加工，保证饲料质量；组织现场繁殖、育种、疾病防治、产品加工和维修等具体工作；根据定额计算饲养人员和饲料加工人员的工作量。

3. 技术员

制定饲料单和水貂种群改良提高技术措施，解决生产中涉及的技术问题，监督、配合生产队长执行计划，管理技术档案。

4. 饲养员和饲料加工人员

严格按技术要求规定，完成规定的各项工作。饲养人员的生产定额应与全场生产计划相适应，应明确下列几项指标：固定给每个饲养员的水貂数量；种貂繁殖指标和仔貂育成数；种貂数量和毛皮的产量和质量。生产定额计划应根据本场历年经验和人员素质条件灵活确定，并与按劳分配、多劳多得的分配原则相结合。

第三节 水貂饲养场经营

优秀的经营者在饲养场筹建初期，就要确定整体的方向和目标，做出预测和决策，然后再组织生产。在生产过程中，将人力、财力和物品合理安排利用，不断提高生产效率和经济效益。

一、种源

饲养场要获得经济效益，必须通过把种貂和皮张卖出去的途径来实现。目前，水貂饲养和皮张市场低迷，在竞争日益激烈的新形势下，选择适宜的饲养品种就显得更加重要了。为此，饲养场的经营者在选择品种时应重点考虑如下几点。

根据该品种是否为消费者所接受，历年的市场价格如何，当地的生产现状怎样等做出综合考虑，判断该品种的生产性能是否优良；衡量该品种是否适合当地的气候特点、抗病能力如何。

二、销售和售后

现代大型水貂饲养场，要想在市场经济浪潮中生存发展，不仅依赖于技术能力和生产能力，还依赖于销售团队和售后服务。只有通过销售，种貂产品的价值才能得以实现，饲养企业才能创造经济效益和社会效益。饲养场健康、长久地运营，需要建立完善的售后体系、赢得永久客户、提高客户满意度和忠诚度，才能长期盈利。

建立客户群体初期，要尽早申请加入本行业的饲养协会。一旦成为会员便要积极参加培训活动，获取各种技术和市场信息，并通过协会认识其他饲养户，再通过饲养户认识潜在的客户。熟悉各类顾客的情况，善于从种貂使用者的角度考虑问题，使顾客理解你的诚意。另外，大型水貂饲养场出售的不只是种貂，更重要的是传授技术，在于长久的技术服务。种兽是一种极为特殊的产品，除了生产性能外，还牵涉动物防疫的问题。另外，种貂性能受生长环境影响较大，加上大多数饲养者为农民，知识层次、文化水平有限，再加上长期以来对国产水貂饲养的传统认识，以及各地区环境和疫病情况的巨大差异，即使相同的饲养标准，水貂的生产性能也不能完全相同。因此，就要求大型水貂饲养场在出售种貂后，要定期走访客户，聘请饲养、疫病专家，为客户及饲养场户进行专题讲座及专业培训。特别是饲养场大量饲养进口水貂，饲养户对进口水貂的饲养模式和方法还不了解。应通过定期培训，逐步培养饲养户正确的养殖方式，同时也是培育自己的饲养客户群体。

三、提高抗风险的能力

自然灾害和疫病饲养业面临两个最大的风险。为了保证饲养场取得较好的效益，必须提高其抗风险的能力。

水貂养殖场的养殖户应及时收集政策和市场信息，经常到当地政府的农业农村相关主管部门咨询了解当前的新政策，尽可能谋求扶持政策。另外，可以参加饲养业保险，近年来为了扶持饲养业的发展，保险公司在部分地区开设了毛皮动物饲养业的险种，参加此类保险可抵挡不可预测及不可抗拒的灾害。

四、提高从业者综合素质水平

现代大型水貂饲养企业的发展需要一批优秀的管理和技术人才。规模饲养场管理和技术人才十分缺乏，已成为制约产业发展的重要因素。目前，规模化水貂饲养场场长具有大专以上文化程度的不足10%，缺乏现代管理专业知识，仅凭经验管理饲养场。技术人员大部分以师带徒形式学习配种和兽医技术，年龄普遍偏大，后继乏人。对于技术管理人才，一些大规模饲养场已是“千军易得，一将难求”。

各级畜牧技术推广部门应加强技术培训，通过开展短期、中期技术培训提高他们的综合素质，也可以选择一部分有专业基础的年轻骨干到大专院校进修，为产业发展培养需要的优秀人才。引导饲养企业要重视管理团队建设，改善员工福利待遇，丰富员工精神文化生活，关心员工，增强员工对企业的认同感和归属感，稳定管理团队；同时要建立企业内部培训制度，通过聘请专家教授讲课、场内技术人员上课、老员工带新员工等形式开展多项培训，不断提高员工综合素质和能力。

第四节　水貂皮销售制度建设

一、拍卖行介绍

拍卖行是毛皮行业大规模集散、分等、分级和销售的链条。皮张从毛皮生产商或中间商处收集，再根据质量和类型被分等、分级。最后，皮张被全世界的买家检查、评估后被买走。目前，全球共有六个国际化的拍卖行，分别位于哥本哈根、赫尔辛基、多伦多、西雅图、安大略湖和圣彼得堡。六大拍卖行承担着全世界大部分的皮张销售，并且为了获得更多的皮张拍卖权，各国彼此间相互竞争。

哥本哈根皮草隶属于丹麦毛皮动物饲养协会，是世界上最大的毛皮拍卖行。全世界皮草买家都云集于此观摩世界貂皮价格的走势。貂皮是丹麦主要拍卖的毛料皮，意味着水貂皮张在哥本哈根皮草拍卖的价格走势会影响从上海到纽约的皮草商（图 9-1）。

除了水貂皮张外，哥本哈根皮草还拍卖狐狸、毛丝鼠、海豹、紫貂和羔羊皮等原料皮。哥本哈根皮草年度收入高达数千万美元。几乎所有的皮张都经由哥本哈根皮草拍卖后出口，此项收入为丹麦出口创汇和收支平衡做出重大贡献。皮张已成为丹麦第二大农业出口物资。

1930 年，丹麦毛皮动物养殖协会成立，是第一个养殖联盟，那时丹麦的水貂养殖方兴未艾。在此之前，一些有魄力的商人已经开始从挪威、加拿大等初具规模的毛皮养殖国家引种。

19 世纪 30 年代，丹麦毛皮动物养殖协会成立的同时，还爆发了严重的农业危机。这场危机也为新的生产模式铺平道路，毛皮动物养殖也成为农民困难时期的救命稻草。

拍卖中心开办的初期，皮张在哥本哈根毛皮中心被售出。1937 年，该协会发展为丹麦 4 个区域毛皮动物养殖协会的全国协会。1946 年丹麦饲养协会创立丹麦毛皮拍卖行。哥本哈根皮草是丹麦毛皮拍卖行和丹麦毛皮养殖协会的联合体，为丹麦毛皮养殖协会 1 700 余家会员集体所有。哥本哈根皮草以专业分级技术及高等级的质量商标体系确保销售皮张的高端品质，使得每年数百万的优质皮张供应全世界各地的服装加工业。公司现有员工 400 余名，年营业额 10 亿美元，有 1 700 余家丹麦水貂农场主（即毛皮动物养殖协会会员）为其供货，水貂皮张年供应 1 800 万张，占世界市场份额的 50%。公司也是目前世界上最大的专业毛皮拍卖行，每年举行 5 次拍卖会，每秒平均拍卖 2 000 美元，拍卖量占全世界通过拍卖销售水貂原料的 60% 以上。公司销售的毛皮产品 90% 是水貂皮，其次是狐皮、青紫兰、海豹、紫貂和卡拉库羔羊皮，公司几乎所有的毛皮都出口，对丹麦毛皮出口贸易做出了巨大贡献（图 9-2）。

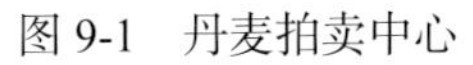

图 9-1　丹麦拍卖中心

图 9-2　丹麦哥本哈根拍卖现场

1938 年，芬兰毛皮养殖协会创建世家皮草（图 9-3）。目前，该公司是世界第二大毛皮拍卖行，每年进行 4 ～ 5 次拍卖，超过 1000 万皮张进行交易（图 9–4）。世家皮草是一家上市公司，芬兰毛皮养殖协会是主要股东。公司于 1986 年完成证券交易所的第一份名单，目前，公司有很多股份持有者。

图 9-3　芬兰拍卖中心

图 9-4　芬兰世家皮草拍卖中心现场

位于多伦多的 NAFA 拍卖行是北美最大的拍卖中心，也是全世界第三大拍卖中心。公司的营业额约为 330 万张，包括北美农场主的貂皮和 400 万张北美和欧洲的其他毛皮动物的皮张（图 9–5、图 9–6）。

位于西雅图的美国传奇公司是一家合作社，主要被 200 家加拿大和美国的水貂生产商所拥有。传奇公司总部在西雅图，但公司会员包括阿姆斯特丹、哥本哈根、伦敦、米兰、蒙特利尔、莫斯科、汉城、上海、斯德哥尔摩、东京。传奇公司仅销售自家会员的皮张，每年拍卖两次，销售约 200 万张水貂皮。

图 9-5　北美 NAFA 拍卖行

图 9-6　北美裘皮拍卖现场

加拿大毛皮拍卖会位于安大略省北部湾，销售的皮张主要是野生皮张。每年开四次拍卖会。2015 年约有 80 万张皮张销售。2013 年，芬兰世家、美国传奇和加拿大拍卖会达成共识，已于 2014 年 3 月和 6 月举行联合拍卖会，地点定在了芬兰的世家拍卖中心。

俄罗斯联合皮草拍卖会（Sojuzpushnina）始建于 1930 年，第一届拍卖会于 1931 年的三月在列宁格勒（今天的圣彼得堡）举办。当时有 12 个国家的客人参加拍卖，分别来自 67 个不同的公司。拍卖的皮草类别分别是紫貂、狼、浣熊、扫雪、猞猁和旱獭。当时拍卖的绝大部分是野生皮草，来自农场饲养动物的皮张只占了不到 3%。苏联时代专门为皮草交易在列宁格勒建造了大楼，名为“皮草的宫殿”（the Palace of Furs）。20 世纪 60—80 年代，Sojuzpushnina 属于世界领先毛皮拍卖行之一，当时列宁格勒的交易大厅挤满数以百计的全世界收购皮张的商人。1976 年的第 72 届俄罗斯国际毛皮拍卖会以 220 多万的皮张量和 1.5 亿美元的成交额震惊了世界毛皮行业。随着苏联的解体，俄罗斯联合皮草拍卖会（Sojuzpushnina）也于 2003 年也于 2003 年变成独立私有化动作。时至今日，俄罗斯拍卖会已经成为俄罗斯唯一的国际皮草拍卖会（图 9–7）。

图 9-7　俄罗斯裘皮拍卖行

二、丹麦拍卖行的构成和运作

哥本哈根皮草（Kopenhagen Fur）作为丹麦行业的运作载体和市场品牌，其组织架构较为复杂，它既是传统意义上的合作社组织，又是现代意义上的企业组织，同时又包含了行业协会的职能。公司与丹麦毛皮养殖协会、丹麦拍卖行的关系如图9–8所示。

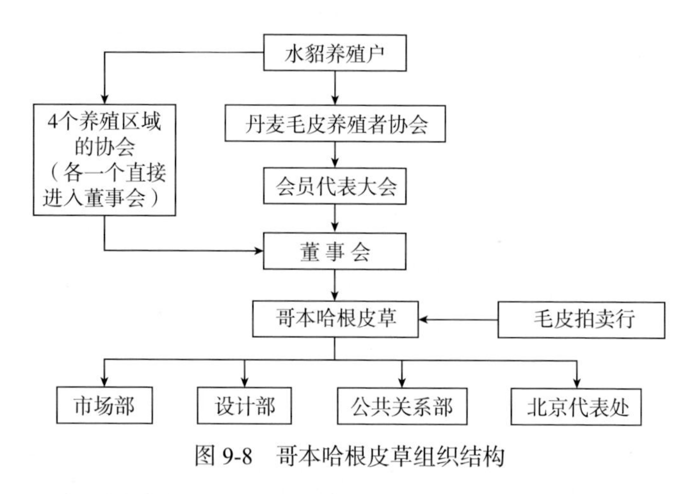

图 9-8　哥本哈根皮草组织结构

从产权角度分析，丹麦毛皮饲养者协会拥有独立的公司，后者是前者的一个销售部门，以现代企业形式出现，为协会会员和其他皮草供应商销售皮草。丹麦毛皮协会的代表组成了公司董事会，对公司的运行具有决定性影响。同时，公司对内继承了丹麦合作社的组织传统，不管会员交付的产品数量，都实行“一人一票”选举制度。对外实行公司制，完全按市场化运作。在对内管理上，丹麦毛皮饲养者协会按合作社章程规定每年定期召开会员大会，组成会员代表大会和董事会，董事会决定公司管理层的任命和组成，丹麦毛皮饲养者协会实行完全开放式入会制度，每年交纳 750 克朗会费即可成为会员，会员一般都向公司供应自己农场生产的貂皮，但也可以将貂皮售往其他买家。

公司貂皮销售模式主要是通过拍卖的形式，体现公平、公正、公开的交易原则。拍卖有利于饲养户根据市场变化及时调整饲养规模和品种结构，降低交易成本和市场风险，最大限度保护饲养场的利益，解除了专业化、标准化、规模化生产模式的后顾之忧。貂皮拍卖之前要进行标准统一的毛皮质量分拣；这一过程大部分的工作量都是通过计算机系统完成。颜色分级之后，由专业人员对品质进行评级。每一步分拣都要求极其精准，同时要求对上一步骤进行复检。最后，皮张被分成捆，每捆都有相应的品质等级标签和产品号码；每张皮预先都得标价，会员根据定价在拍卖后取得收益。

公司裘皮由世界各地的皮商前来竞拍，公司每年进行 5 次拍卖会，在新皮张采集后于 12 月开始销售，次年 9 月最后一次拍卖会将皮张售完。传统皮商以伦敦的实力最强，近 10 年来，来自中国和中国香港的皮商异军突起，成为拍卖行的重要买家。根据最新统计，来自中国的皮商采购量占整个拍卖行的 57%。在每次拍卖会前，准许皮商提前 5 ～ 6 d 对皮张进行评估。每次拍卖会都会吸引超过 25 个国家的近 500 位皮商。大部分的皮商通过经纪人参加拍卖会。拍卖会期间，水貂皮价格在互联网上每天进行公布，受到全球买家和饲养户的密切关注。

根据国际裘皮贸易联合会统计，全球裘皮销售已持续多年增长，2007 年全球的裘皮和裘皮制品消费总额高达，比上年增长 11.34%。为迎合世界时装界的需求，应对日趋激烈的国际市场竞争，公司不断进行经营模式创新。

该公司的主要举措有如下。一是推出貂皮质量评级制度。质量评级制度其实就是产品品牌体系的建设，它树立了公司在全球行业内的领导地位，增加了产品的含金量和产品的附加值。质量分级有四个商标，品质顶级的毛皮被定义为哥本哈根紫色，接下来是哥本哈根白金、哥本哈根酒红和哥本哈根象牙白。该质量评价体系建设融入了先进科技和 80 年的专业经验，为毛皮原料的质量评级设定了全球新标准。二是开设哥本哈根皮草创意设计中心。设立该中心旨在更好地激发皮草设计的想象力和创造力，推动丹麦和国际皮草时尚发展。在设计中心，皮草技师和设计师、时装品牌开展紧密的业务合作，为时尚界毛皮面料的开发提供了创意和设计。中心的设计产品不断在纽约、伦敦、米兰和巴黎时装周通过各大时装品牌展现给国际媒体和时装界。三是加快与中国的合作。近年来，中国成为世界皮草消费最重要的市场，哥本哈根皮草出口额占丹麦消费品出口中国总数额的 1/3。由于中国皮草加工企业竞争力日益凸显，一些欧洲皮草企业将加工工序转移到中国以降低成本，许多皮草在中国硝染、处理并制作成成衣，一部分重新出口，另一部分在中国销售。哥本哈根皮草非常看好中国市场，2005 年在北京设立公司办事处。2007 年 1 月，公司与清华大学合办了清华美院－哥本哈根皮草实验室，与哥本哈根皮草设计中心进行紧密合作，为中国培养皮草工艺和设计方面的人才。2007 年 1 月 25 日，公司还与中国海宁皮革城合作成立海宁哥本哈根皮草学院，通过专业培训提升中国皮革时尚界的营销能力。

毛皮饲养协会会员有义务每年为公司供应皮张，皮张价格在每次拍卖前由饲养户和公司商定底价。公司通过拍卖方式代为销售，公司的利润还来自貂皮的集中分拣、质量分级、拍卖、技术支持等增值服务，但皮草价格的市场波动及其带来的市场风险由饲养户承担。

会员可以向公司申请分配年度利润，也可以将利润留在公司，形成每个人的历年累积存底基金（相当于股份，但不能转让），存底基金和会员向公司提供的皮草数量构成每年利润分配依据。在公司里个人的存底基金各不相同，如饲养户在某年不上缴貂皮或把貂皮卖给北欧其他国家拍卖行，他们依然可以按照自己的存底基金从哥本哈根获得一定比例的利润分配。

丹麦毛皮饲养协会虽然是公司的拥有者，但在日常运作中两者已实现一体化。丹麦毛皮饲养者协会既是行业组织者，也是研究和开发的组织者。毛皮饲养者协会设立了一个研究和咨询中心，研究开发范围包括育种、营养、饲料、健康、动物福利、环保等，在饲养技术、疾病控制等方面也由毛皮饲养者协会统一组织。另外，毛皮饲养者协会还拥有统一购买饲料的公司。以上服务都以非常优惠的价格为会员提供。据统计，毛皮协会会员享受到的各类专业服务，其费用是非会员的20%，加入饲养协会后的成本优势非常明显。毛皮饲养协会还设有试验农场，为改善毛皮动物饲养开展持续性的观察和研究，以最佳方式培育出最优良的品种。此外，该机构还投入大量资金，与哥本哈根大学、丹麦皇家兽医农业大学、丹麦农业科学研究所等高校、科研院所联合，进行专业课题研究，提高产品质量、优化品种、实现最好的经济效益，以保持在国际同行业领域处于领先地位。

参考文献

国家畜禽遗传资源委员会，2012. 中国畜禽遗传资源志 – 特种畜禽志 [M]. 北京：中国农业出版社 .

贾伟，减建军，张强等，2017. 畜禽养殖废弃物还田利用模式发展战略 [J]. 中国工程科学，19（4）：130–137.

李芳，2015. 丹麦毛皮农场动物福利的前世今生 [J]. 特种经济动植物，18（5）：29.

刘晓颖，2009. 水貂养殖新技术 [M]. 北京：中国农业出版社 .

钱国成，2006. 新编毛皮动物疾病防治［M］. 北京：金盾出版社 .

荣敏，2015. 养貂技术简单学 [M]. 北京：中国农业科学技术出版社 .

田慎重，郭洪海，姚利，等，2018. 中国种养业废弃物肥料化利用发展分析 [J]. 农业工程学报，34（S1）：123–131.

佟煜仁，张志明，2009. 图说：毛皮动物毛色遗传及繁育新技术 [M]. 北京：金盾出版社 .

王建全，2017. 养殖场病死动物无害化处理存在问题与改进建议 [J]. 农技服务，34（19）：97.

续彦龙，王丽丽，龚改林，2015. 堆肥法无害化处理染疫动物尸体的研究进展 [J]. 畜牧与兽医，47（4）：138–141.

易立，2016. 图说毛皮动物疾病诊［M］. 北京：机械工业出版社 .

张伟，徐艳春，华彦，等，2011. 毛皮学 [M]. 哈尔滨：东北林业大学出版社 .

DAM–TUXEN R，DAHL J，JENSEN TH，et al., 2014. Diagnosing Aleutian mink disease infection by a new fully automated ELISA or by counter current immunoelectrophoresis：a comparison of sensitivity and specificity[J]. Journal of virological methods，199：53–60.

TARANIN AV，MAEROVA AL，VOLKOVA OY，et al., 2016. Dotimmunoenzyme assay for the diagnosis of Aleutian mink disease[C].Helsinki：AskoMäki–Tanila, 94–99.